Jira in Action
Project Management and Lean Kanban

Jira实战
项目管理与精益看板

王杰　黄波 ◎著

机械工业出版社
China Machine Press

图书在版编目（CIP）数据

Jira 实战：项目管理与精益看板/王杰，黄波著 . —北京：机械工业出版社，2022.8
（2023.12 重印）
ISBN 978-7-111-71270-1

I. ① J… II. ①王… ②黄… III. ①软件开发－项目管理 IV. ① TP311.52

中国版本图书馆 CIP 数据核字（2022）第 130443 号

Jira 实战：项目管理与精益看板

出版发行：机械工业出版社（北京市西城区百万庄大街 22 号 邮政编码：100037）

责任编辑：韩 蕊 责任校对：王明欣 王 延

印 刷：北京捷迅佳彩印刷有限公司 版 次：2023 年 12 月第 1 版第 2 次印刷

开 本：186mm×240mm 1/16 印 张：17.25

书 号：ISBN 978-7-111-71270-1 定 价：89.00 元

客服电话：（010）88361066 68326294

本书弥补了国内市场上 Jira 中文参考书的空白，同时为 Jira 社区发展贡献了力量。读者可通过本书介绍的实战经验，进一步挖掘并发挥 Jira 在项目管理上的赋能作用，持续提升项目交付能力。

——李平　科大讯飞消费者事业群副总裁、AI 营销业务群总裁

本书对 Jira 的诞生背景、应用场景、功能特点、使用实操等方面进行了深入浅出的描述，为企业软件项目研发团队提供了丰富的实战参考，是一本非常值得阅读的书。

——刘杰　科大讯飞企业数字化业务群 CTO

本书重现了科大讯飞百亿交互业务团队的优秀实践，实操细节丰富。读者可从中习得 Jira 二次开发技能，定制适合自己业务的敏捷管理工具。

——丁国富　中关村智联联盟智库专家、杭州微智测质量体系和测试技术咨询、

前华为测试架构师

本书系统化地讲解精益看板最佳实践、Jira 工具配置，结合作者的项目经验和亲身实战，让读者从入门到精通，掌握精益看板方法及工具落地的全过程。

——张乐　腾讯 DevOps 与研发效能资深技术专家、

《软件研发效能提升实践》作者

本书从 Jira 管理和使用的角度进行阐述，与其说这是一本 Jira 的使用指南，不如说是科大讯飞在研发效能提升道路上的一段精彩故事。相信在软件研发数字化历程中的企业都能从中寻得答案和共鸣。

——宋振华　云上软件工程社区技术专家

为何写作本书

Jira 作为国际和国内使用比例极高的项目管理工具平台，在一定程度上满足了项目管理的协同、共享、透明等诉求。国外虽然已出版了一些与 Jira 相关的图书，但它们侧重于单点能力的介绍和理论讲解，缺乏与实际项目相结合的实操指南。

虽然 Jira 早在 2002 年就发布了第一个主版本，但目前国内关于 Jira 实战的图书一直处于空白。我们希望本书能为国内 Jira 用户提供参考，帮助大家打开对 Jira 的认知。在精益和敏捷开发不断发展的今天，本书重点传递了如何通过 Jira 精益看板的能力，满足精益产品开发、DevOps 和研测效能提升等诉求。

本书中的实战内容源于成功的项目实践经验，希望能帮助读者更立体地认识 Jira，充分挖掘并发挥 Jira 在项目管理上的赋能作用，持续改善交付。

本书结构

本书分为三部分，各部分的侧重点不同，以便于读者有针对性地按需阅读。

第一部分　Jira 基础（第 1 ~ 3 章）

以 Jira 的发展与适用场景为起点，介绍 Jira 的安装与配置，并以一个项目实操案例介绍 Jira 的基本使用方法。

第二部分　Jira 进阶（第 4、5 章）

首先介绍搜索、筛选器、面板、报表、仪表板、项目模块、权限管理等 Jira 高级功能，然后介绍 Jira 的核心优势——方案自定义能力。本部分所介绍的内容相对独立，读者可按需查阅，无须严格按顺序阅读。

第三部分　Jira 实战（第 6 ～ 11 章）

首先以科大讯飞落地 Jira 精益看板的案例为例介绍精益看板的基础概念、Jira 精益看板的实现路径，然后对分解后的 Jira 精益看板实现路径进行实操解读。建议读者按照顺序阅读本部分的内容，以免错过有价值的信息。

本书关于 Jira 界面的截图皆来自 Jira 8.13.0 版，其中部分图片的文字内容存在汉化异常问题。我们在尽可能保留原义的基础上对存在汉化问题的文字进行了描述上的优化处理，以便于读者理解。若读者在实际操作 Jira 时，发现同一个界面在书中存在文字不一致的问题，请以实际操作使用的 Jira 界面文字描述为准。

读者对象

- ❑ 初、中级 Jira 使用者。
- ❑ 希望使用 Jira 落地项目管理、精益看板的读者。
- ❑ 项目经理、敏捷教练、产品经理、研发人员、测试人员、Jira 平台管理与运营人员。

阅读建议

本书提供了丰富的图文解读，希望读者在阅读本书的同时，能够积极实践，深入理解 Jira 的使用方法，并积极思考如何在自己所参与的项目中加以应用和改进，以更好地满足自身的需求，学以致用。

致谢

感谢家人的理解与支持，撰写此书占用了我很多周末的时间，使我未能在周末好好陪伴家人。爱人体贴我，承担了带娃的重任，谨以此书献给我的爱人菜菜和正在茁壮成长的易易小朋友。

感谢这个知识开放的世界，这里要特别感谢何勉老师。虽未谋面，但何勉老师的经验分享是开启我认知精益看板的钥匙。Jira 精益看板是看板实践的一种载体，相信这一形式能够帮助更多有需要的人。

感谢数据科学家吕昕。昕哥是《Spark 机器学习进阶实战》一书的作者，我创作此书正是得到了他的点拨。

感谢我亦师亦友的老领导刘杰，我在业务上实践精益看板以及创作本书皆得到了他的鼎力支持。

感谢科大讯飞集团质量与过程改进部的 Jira 运营团队，是该团队让我认识到 Jira 所具有的巨大潜力。非常感谢刘寅、宋振华为我写书提供的鼓励与支持，感谢 Jira 超级管理员裴婷婷在流程定制化操作与配置方面的耐心指导。

感谢科大讯飞集团 AI 营销业务群参与 Jira 精益看板初期落地实践的同事们，他们是刘慧慧、孙兆艳、宋瑶、解明敏、邹颖颖、毛雪芹、张奇、孙玉、朱少新。感谢在本书创作过程中给予我鼓励与支持的部门领导，他们是于继栋、李平、吴伟。AI 营销业务群拥有一支非常优秀的团队，涌现了许多可圈可点的创新实践案例，拥有丰富的实践经验。可通过科大讯飞集团 AI 营销业务群的官方网站（www.voiceads.cn）了解更多关于该团队的信息。

感谢本书的联合作者黄波老师。写书可谓是一个浩大的工程，对时间、精力、态度、学识皆是巨大的考验。黄波老师是 Jira 方面的专家，他的加入使本书的内容更为丰富，使本书的整体质量得到了提升。

最后，感谢机械工业出版社的杨福川团队给予本书自始至终的专业支持。杨福川老师是能够给创作者带来化学反应的人，他能够基于自身的经验和见地与对市场敏锐的感知力有效地引导创作者进行创作。

王杰

感谢我的家人，他们给了我巨大的支持和鼓励。感谢我的爱人 May，她牺牲了很多周末的休息时间来陪伴我，让我得以安心写作。

感谢王杰老师邀请我一起写作本书，这是一次非常美妙的体验。此前我从未写过书，也对写书所需的时间和精力毫无把握。当他谈到此书可以把我们对敏捷开发和 Jira 项目管理的实践经验与心路历程分享给更多的人，也许还能给大家带来一些启发时，我觉得这是一件非常值得做的事情。希望将来还能有机会和他合作。

感谢科大讯飞集团质量与过程改进部的领导和同事们，他们是刘寅、宋振华、薛增奎、陈杰、林娜、徐明香、裴婷婷、朱传龙、张欣。他们是我的良师益友，我从他们那里获取了很多宝贵的经验和帮助，和他们在一起工作总是充满了快乐。

黄波

勘误与支持

虽然作者和编辑尽最大努力来确保书中内容的准确性，但难免会存在疏漏。欢迎并感谢读者将发现的问题反馈给我们，帮助我们提升本书的质量。我们的邮箱是 jira_in_action@163.com，也欢迎读者通过微信公众号"Jira 实战"联系我们。

Contents 目 录

第二部分　Jira 进阶

Jira 基础

如今企业越来越多地采用敏捷交付模式，迫切需要一个功能全面的项目管理平台来支撑团队管理产品生命周期的全过程，包括需求和项目管理、文档和知识库维护、客户支持、源码管理、代码评审、构建部署等。Atlassian 公司提供了包括 Jira、Confluence 在内的一系列产品来帮助企业构建敏捷软件开发平台。

本部分首先介绍 Jira 以及相关的系列产品，随后介绍如何安装和部署 Jira，最后通过实例帮助读者了解 Jira 的基本功能以及如何进行敏捷项目管理。

第 1 章

认识 Jira

通常我们所说的 Jira，是指在需求和项目管理方面提出的一整套成熟的解决方案，包含项目规划、迭代管理、需求跟踪、缺陷处理、任务管理和客户技术支持。使用 Jira 可以快速搭建符合用户需求的管理平台。除了 Jira，Atlassian 公司还推出了一系列产品，包括文档协作、知识库、源码管理等。

本章要介绍的内容如下。

❑ 什么是 Jira。

❑ 其他 Atlassian 产品。

❑ Jira 生态和社区。

1.1 什么是 Jira

Jira 是澳大利亚 Atlassian 公司推出的一套敏捷工作管理解决方案，它可为团队提供从产品概念到交付客户的全方位支持，让团队以最佳的方式完成工作。Jira 解决方案包括一系列专为软件研发、IT、业务和运营等团队构建的产品。

1.1.1 Jira 使用概况

2002 年，Jira Software 作为适用于团队的事务跟踪和项目管理工具诞生了。截至2021 年，全世界已有超过 65 000 家公司采用 Jira。Jira 应用的行业和领域涉及金融服务、零售、软件、高科技、汽车、非营利组织、政府部门、生命科学等，美国航空航天局（NASA）、摩根士丹利、花旗银行、渣打银行、汇丰银行、Facebook、Twitter、IBM、

Visa、宝马、奥迪、特斯拉、沃尔沃、丰田、家乐福、三星、可口可乐、雀巢、Zoom、耐克等皆是其客户。

据 Atlassian 官方统计，全球财富 500 强企业中有 83% 使用了其系列产品（包括其明星产品 Jira），Atlassian 的客户来自全球 190 多个国家 / 地区。Atlassian 的产品在国内也拥有庞大的客户群体，百度、华为、联想、京东、科大讯飞、360、小米、顺丰、招商银行、民生银行、中信银行、平安证券、泰康人寿、中华保险、众安保险、中国信保、去哪儿网等都是 Atlassian 的客户。

我们可以从国外 Digital.ai 公司发布的《年度敏捷开发状态报告》中获知 Jira 产品在全球的影响力和受欢迎程度。在 2020 年发布的《年度敏捷开发状态报告》中关于敏捷项目管理工具的使用调查统计中，Jira 的使用率高达 67%，位居第一，如图 1-1 所示。在 2021 年发布的《年度敏捷开发状态报告》关于敏捷项目管理工具使用推荐的调查统计中，Jira 的被推荐率高达 81%，依然位居第一，如图 1-2 所示。

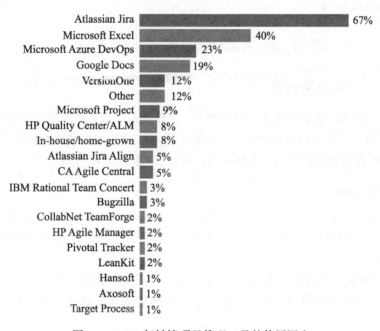

图 1-1　2020 年敏捷项目管理工具的使用调查

我们可以从中国云计算开源产业联盟发布的《中国 DevOps 现状调查报告（2021 年）》中获知 Atlassian 的 Jira 产品和 Confluence 产品在中国的影响力及受欢迎程度。在需求和项目管理类工具方面，49.67% 的受访者所在的组织使用 Jira，高居第一。在文档、知识库工具方面，使用 Confluence 的企业占比为 31.34%，高居第一。

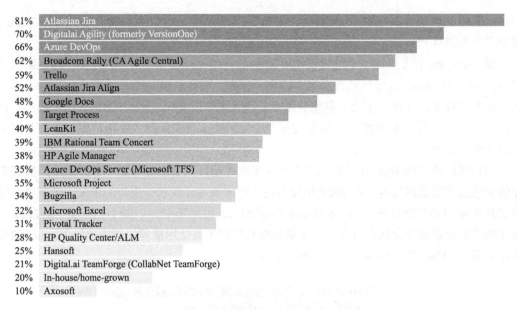

81%	Atlassian Jira
70%	Digitalai Agility (formerly VersionOne)
66%	Azure DevOps
62%	Broadcom Rally (CA Agile Central)
59%	Trello
52%	Atlassian Jira Align
48%	Google Docs
43%	Target Process
40%	LeanKit
39%	IBM Rational Team Concert
38%	HP Agile Manager
35%	Azure DevOps Server (Microsoft TFS)
35%	Microsoft Project
34%	Bugzilla
32%	Microsoft Excel
31%	Pivotal Tracker
28%	HP Quality Center/ALM
25%	Hansoft
21%	Digital.ai TeamForge (CollabNet TeamForge)
20%	In-house/home-grown
10%	Axosoft

图 1-2　2021 年敏捷项目管理工具的使用推荐调查

1.1.2　Jira 产品及适用场景

Jira 系列产品可以帮助团队完成规划制定、工作分配、状态跟踪及报告分析。多个团队使用相同的平台，可以让信息更透明，工作更流畅，团队间的沟通和协作更顺畅。

Jira 系列产品针对不同团队的工作内容，设计了不同的解决方案。

1. Jira Software

Jira Software 是 Jira 系列中最常用的产品，专为敏捷开发团队设计，用于规划、跟踪和交付软件，例如项目管理、缺陷管理、需求管理、报表等。Jira Software Cloud 版本的界面如图 1-3 所示。

- ❑ 规划：记录用户需求，规划迭代（Sprint），在团队中分配任务。
- ❑ 跟踪：了解用户需求、任务、缺陷等工作项的进展和状态，及时发现问题并作出调整。
- ❑ 交付：关注交付版本的整体进度，确保按时发布交付版本。
- ❑ 报表：利用系统提供的各类报表，实时了解研发过程中的数据，分析总结，持续改进。

2. Jira Service Management

Jira Service Management（旧称 Jira Service Desktop）用来帮助 IT 支持团队、运营团队和客户支持团队实现高效协作。它能让客户通过简单的方式寻求帮助，让支持人员更快地提供帮助，例如 ITSM（IT Service Management，IT 服务管理）、服务台、工单管理、事件管理等。Jira Service Management Cloud 版本的界面如图 1-4 所示。

❑ 服务台：帮助 IT 支持团队和运营团队快速创建各自的服务台，让用户简单方便地提交请求，让支持人员高效处理请求。

❑ 高效协作：通过拉通 Jira Service Management 和 Jira Software，运营团队将用户反馈的事件信息与开发团队的工作进行关联，实现信息和状态同步更新。

图 1-3　Jira Software Cloud 版本界面

图 1-4　Jira Service Management Cloud 版本界面

3. Jira Work Management

Jira Work Management 是专为营销、人力资源、财务和其他业务团队而设计的，用于管理所有业务项目，帮助制订计划、跟踪工作进度、收集信息和流程审批，例如营销活动管理、任务管理、工作流审批。Jira Work Management Cloud 版本的界面如图 1-5 所示。

❑ 制订计划：帮助团队制订营销活动的整体计划，包括每项工作的时间表和人员分配、工作之间的依赖关系等。

❑ 跟踪工作进度：通过看板、日历、时间表、列表等多种形式跟踪每项工作的进展。

❑ 收集信息：通过拖曳式自定义信息收集表单的内容项，方便用户填写并进行标准化数据处理。

❑ 流程审批：根据审批流程规范定义审批流程，实现线上审批。

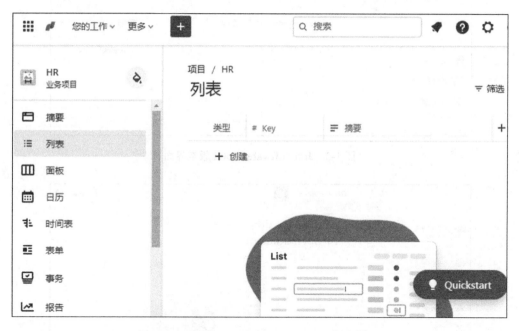

图 1-5　Jira Work Management Cloud 版本界面

4. Jira Align

Jira Align 将业务战略与技术执行衔接起来，制定整个公司的 OKR（Objectives and Key Results，目标与关键成果）。它使企业的所有工作实时可见，所有团队保持战略一致，针对客户价值进行优化。Jira Align 被 Gartner 评为 2021 企业级敏捷规划工具魔力象限领导者（Magic Quadrant for Enterprise Agile Planning Tools）。

1.2　其他 Atlassian 产品

Jira 是 Atlassian 公司在 2002 年推出的第一款产品，此后 Atlassian 围绕团队合作陆续推出了 Confluence、Bamboo、Bitbucket 等一系列产品。Atlassian 于 2015 年 12 月在纳斯达克挂牌上市，当时市值 44 亿美元，2021 年 9 月底其市值突破 1000 亿美元。

Atlassian 的产品根据用途可分为四类：规划、追踪和支持，协作，编写代码、构建并交付，身份与安全。我们来认识一下其中的主要产品。

1.2.1　规划、追踪和支持

（1）Jira Software

该产品是敏捷团队的首选软件开发工具，用于规划、追踪和发布软件。

（2）Jira Service Management

该产品支持高速协作，快速响应业务变化并提供出色的客户和员工服务体验。

（3）Jira Work Management

该产品用于帮助企业团队和项目实现友好且直观的协作，专为跨团队协作和打破信息孤岛而打造。

（4）Jira Align

该产品用于连接业务团队和技术团队，让企业的战略与成果协调一致。

（5）Statuspage

该产品在服务出现故障或者进行定期维护时，及时告知客户情况，并实时更新处理状态。它能协调事件响应、运维、客户支持、研发等团队共同处理事件，把事件的影响范围、处理过程和结果实时传递给内部团队和客户，Statuspage 提供了事件信息展示页面、事件订阅和通知、事件信息模板等功能。Statuspage Cloud 版本的界面如图 1-6 所示。

其中，事件信息页面为服务提供一个事件信息展示页面（单击左下角的 View status page 链接），用来显示服务的整体运行状态、服务每个组件的状态、以往发生的事件历史。如果有事件正在发生，则显示事件的影响范围、状态等信息。在事件信息页面中，用户可以单击 SUBSCRIBE TO UPDATES 按钮订阅事件通知，以便及时获取事件的状态更新信息。事件通知支持通过电子邮件、短信、Webhook 等订阅方式，如图 1-7 所示。

（6）Opsgenie

Opsgenie 借助强大的事件警报和值班表功能，及时通知相关负责人，并帮助开发和运维团队及时处理事件警报，保证服务可用性。Opsgenie Cloud 版本的界面如图 1-8 所示。

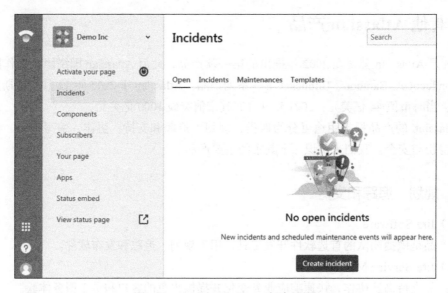

图 1-6　Statuspage Cloud 版本界面

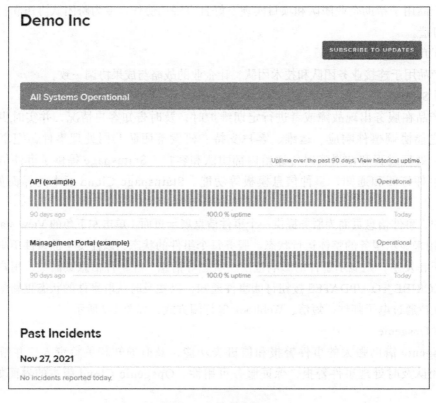

图 1-7　事件信息页面

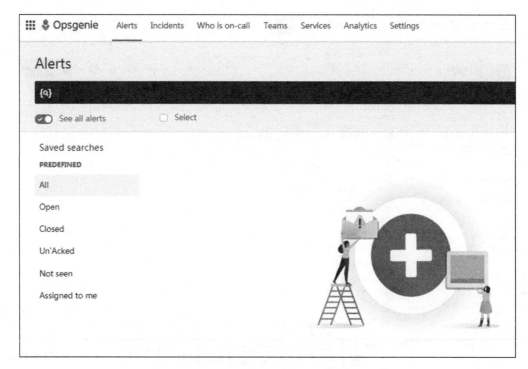

图 1-8　Opsgenie Cloud 版本界面

通过可靠的报警机制确保不错过关键警报。对警报进行分组并过滤干扰因素，支持邮件、短信、电话等多种渠道通知值班人员。通过值班表管理功能可灵活地定义人员值班表，自定义警报上报规则，如果警报在规定时间内未得到响应，则根据规则逐级上报，直到有人响应。警报报告和分析功能可以分析发生警报的原因、警报处理情况，帮助团队提升产品质量，提高问题处理能力和改进流程。

（7）Halp

通过 Halp 可以直接在聊天工具（Slack、Microsoft Teams）中获取、跟踪和解决用户请求，并为常见问题设置自动答复。用户可以在聊天工具中直接输入问题描述来创建用户请求，查看提交的请求状态。如果系统识别出是常见问题，则自动发给用户处理方式的相关文档。

1.2.2　协作

Confluence 作为 Atlassian 推出的第二款产品，主要用于打破信息孤岛，促进团队之间的信息共享与协作，主要功能有文档协作、搭建知识库、管理文档、分享知识等。Confluence Cloud 版本的界面如图 1-9 所示。

图 1-9　Confluence Cloud 版本界面

- [ ] 知识管理：建立知识库，汇总和沉淀所有信息和知识，并进行分类管理。提供强大的信息检索能力，方便用户快速查找所需知识。通过良好的知识分类和组织帮助团队新成员快速掌握工作内容。
- [ ] 项目协作：建立项目空间，记录项目计划、会议记录、待办事宜、更新项目进度等信息。项目成员可以快速了解项目的整体情况，并实时更新和反馈最新信息。
- [ ] 对话交流：用户可以对文章，甚至某一句话添加评论，其他人可以回复和讨论。所有人都可以从这些对话中了解不同的观点和获取反馈。通过 @ 成员的方式实时向对方的邮箱发送通知，避免遗漏信息。

1.2.3　编写代码、构建并交付

（1）Bitbucket

借助 Bitbucket，团队不仅可以进行 Git 代码管理，还可以集中规划项目、开展代码协作以及进行测试和部署。Bitbucket Cloud 版本的界面如图 1-10 所示。

- [ ] 代码库：提供 Git 代码库托管服务，并且支持通过网页来管理。
- [ ] 代码评审：通过拉取请求（Pull request）进行代码评审，可以在网页上对具体的代码进行内嵌式的评论。

❑ 持续交付：通过集成式 CI/CD 流水线，自动完成从编写代码到构建、部署、测试、
　上线的整个流程。

图 1-10　Bitbucket Cloud 版本界面

（2）Bamboo

用于持续集成、部署和发布管理，通过自动工作流打通从代码到部署的 CI/CD 全流程。

（3）Fisheye

用于跨代码库（SVN、Git、Mercurial、CVS 和 Perforce）进行搜索、监控和跟踪。

（4）Crucible

用于跨代码库（SVN、Git、Mercurial、CVS 和 Perforce）审查代码、讨论更改、共享
知识和识别缺陷，通过代码审查找到缺陷并提高代码质量。

1.2.4　身份与安全

（1）Atlassian Access

在 Atlassian Cloud 版本上实现企业级可见性、安全策略和控制力。可以统一管理企业
购买的 Atlassian Cloud 版本产品的用户和数据，主要功能有单点登录、用户生命周期管理、
活动目录（Active Directory）同步、API 令牌管理、强制启用两步验证等。

（2）Crowd

适用于 Atlassian Data Center 版产品的集中式身份管理，支持在多个产品之间的单点登
录，可以管理来自多个活动目录的用户，通过审计日志来跟踪设置变化。

1.3　Jira 生态和社区

Atlassian 公司在推出产品的同时，还注重打造完整的生态系统。它创建了应用市场 Atlassian Marketplace（https://marketplace.atlassian.com/），鼓励第三方公司和个人开发者在平台上开发应用来完善和增强 Atlassian 产品的功能。目前该应用市场中的应用数量已经超过 4000 个。

该应用市场中的应用分为免费应用和收费应用两种，用户可以免费下载或者购买应用。这些应用不仅极大方便了用户解决使用过程中遇到的各种问题，也鼓励了第三方开发者依托产品平台庞大的用户群体快速响应用户需求，推广自己的应用。

Atlassian 在公司官网上推出了社区（https://community.atlassian.com/）以供用户交流使用中遇到的问题，用户可以发布有关产品的问题和改进建议，会有专门的工作人员对这些问题和建议进行解答与反馈。社区还提供了丰富的使用和管理文档及开发者资源。

1.4　本章小结

在本章中我们了解了 Jira 及 Atlassian 公司推出的其他产品的功能、适用场景，以及它们之间的分工定位和协作关系。Atlassian 推出的应用市场极大加强和丰富了整个产品生态，并能快速全面地解决用户遇到的实际问题。

了解 Jira 的背景知识之后，在第 2 章中我们将了解 Jira 的安装与配置，开始我们的 Jira 之旅。

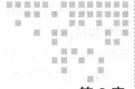

Jira 的安装与配置

Jira 能有效满足项目管理中需求、任务、缺陷的管理以及定制化流程的诉求。企业用户需要结合团队的规模、平台的运维能力、企业 IT 基础建设及资源投入、费用预算和企业未来发展等情况综合确定 Jira 部署方案。本章以 Jira Software 为例介绍 Jira 的安装与配置。

本章要介绍的内容如下。

- ❑ 安装准备。
- ❑ 安装步骤。
- ❑ 系统设置。
- ❑ Jira 目录结构。

2.1　安装准备

在安装 Jira 之前，需要先选择一个合适的 Jira 部署方案，然后根据部署方案，确定要安装的版本并做好相应的硬件和软件准备。

2.1.1　部署方案选择

Atlassian 提供了多种部署方案供用户选择。

- ❑ Jira Software Cloud：由 Atlassian 提供云服务，企业不需要准备服务器和硬件，无须维护。系统版本自动升级，随时使用最新功能。
- ❑ Jira Software Data Center：由企业部署和维护，可以部署到自有服务器或者公有云

（阿里云、华为云等）服务器上。支持单节点和集群两种部署方式，集群部署可实现高可用性和高性能。

❑ Jira Software Server：由企业部署和维护，可以部署到自有服务器或者公有云（阿里云、华为云等）服务器上，但是只能部署到单台服务器，不支持集群。

表 2-1 对不同方案的授权费用和适用场景进行了对比，读者可以根据团队的场景和需求，选择适合的方案。

表 2-1　部署方案一览表

方案	授权费用	适用场景
Jira Software Cloud	• 按月或年计费 • 根据用户类型和用户数量阶梯定价 • 分为 Free（免费版）、Standard（标准版）、Premium（超值版）、Enterprise（企业版）四类	对于希望快速轻松入门，并且不想自己安装升级和日常维护管理的团队。Atlassian 的服务器在国外，需要考虑网络访问速度
Jira Software Data Center	• 按年计费，可以随时升级版本 • 按级别定价，至少购买 500 个用户授权	希望自主掌控系统所有设置以及业务数据，且不介意自主安装和维护导致复杂性增加的团队。团队规模较大，对系统的高可用性和性能要求较高
Jira Software Server	购买后，包括永久许可和 1 年的技术服务支持： • 永久许可：可以永久使用，但不能升级版本 • 技术服务支持：按年计费，购买后可以升级版本和获取 Atlassian 的官方技术支持 **注意**：从 2021 年 2 月 2 日以后，停止出售新的许可证，并且停止开放 Server 产品线的新功能。在 2024 年 2 月 2 日以后，不再提供技术服务支持	希望自主掌控系统所有设置以及业务数据，且不介意自主托管导致复杂性增加的团队

2.1.2 版本选择

推荐从长期支持版本（long term support release）和最新版本（latest feature release）这两种版本中选择一个进行安装。

❑ 长期支持版本：一种特殊的版本，在 2 年的技术支持周期内，长期支持版本会持续发布版本修复严重漏洞和安全问题，可以持续升级。每年也会发布一个新的长期支持版本。

❑ 最新版本：提供了最新的功能和问题修复，支持周期也是 2 年。未来发现的严重漏洞和安全问题可能只会在下一个更新的功能版本中修复，需要持续升级到最新版本才能修复这些问题。

如果计划让系统一年升级一次，并且无须保持使用最新的功能，可以选择长期支持版本，每年升级一次长期支持版本，如果其间长期支持版本推出了漏洞修复版本，可以按需升级。如果希望保持使用最新的功能，可以安装最新版本。Jira 新的功能版本推出周期一般是 4 ～ 6 周，可以持续地升级到最新版本。

提
示　Jira 的发布版本号是 3 位，分别代表平台版本、功能版本和 Bug 修复版本。例如 8.0.0 是平台版本，8.12.0 是功能版本，8.12.1 是 Bug 修复版本。

2.1.3　支持的操作系统和硬件要求

当前 Jira 支持的操作系统包括 Microsoft Windows、Linux（Ubuntu）、Amazon Web Services（AWS）、Microsoft Azure。

硬件需要根据用例场景配置，结合使用量以及未来发展来综合考虑。系统的使用量包括活跃的用户数量，特别是高峰期的并发用户数量、项目和问题的数量、定制的字段、工作流的数量，以及每月会新增多少数据等指标。Atlassian 根据系统的使用量划分为不同的规模，如表 2-2 所示。

表 2-2　系统规模　　　　　　　　　　（单位：个）

程序数据	系统使用量			
	小规模	中等规模	大规模	企业级规模
用户	100	500	2000	10 000
并发用户	25	200	600	2000
总的问题	15 000	60 000	200 000	1 000 000
每月新建问题	200	1000	4000	20 000
自定义字段	50	150	300	600
权限方案	3	15	25	100
项目	20	80	200	300
问题类型	10	20	50	160
解决结果	10	20	30	40
优先级	10	15	25	40
工作流	5	20	35	100

根据不同系统规模，分别列出合适的硬件和系统配置建议。以单节点部署（Data Center）为例，根据系统规模准备合适的硬件，如表 2-3 所示。

表 2-3　不同规模的硬件和系统配置建议

硬件	系统使用量			
	小规模	中等规模	大规模	企业级规模
CPU	双核	四核	2 个四核或更高	6 个四核或更高
系统内存	8GB	>8GB	>32GB	>128GB
硬盘容量	• 物理硬盘 • 10～50GB	• 高速硬盘（>7200RPM） • 50～100GB	• 高性能硬盘（>10 000RPM 或者固态硬盘） • 100～200GB	• 高性能存储设备（RAID 10 或者固态硬盘） • > 500GB

2.1.4　软件要求

Jira 安装的软件包括 Java、浏览器和数据库。Jira 支持的软件产品和版本如表 2-4 所示。

表 2-4　Jira 的软件需求

软件	产品	版本	说明
Java	Oracle JRE/JDK	Java 8、Java 11	推荐使用 Critical Patch Update（CPU）版本
	OpenJDK	Java 8、Java 11	推荐使用 AdoptOpenJDK。如果使用 Jira 的 Windows 安装程序、Linux 安装程序来安装，将自动安装 AdoptOpenJDK JRE
桌面浏览器	Chrome	最新的稳定版本	
	Microsoft Edge	最新的稳定版本	
	Mozilla Firefox	最新的稳定版本	
	Safari on Mac OS X	最新的稳定版本	
手机浏览器	Chrome	最新的稳定版本	也可以使用 Jira 手机 App
	Safari on iOS	最新的稳定版本	
	Android 4.0	Ice Cream Sandwich	
数据库	PostgreSQL	PostgreSQL 11 PostgreSQL 10 PostgreSQL 9.6	
	MySQL	MySQL 5.7 MySQL 8.0	• 不支持 MariaDB 和 PerconaDB • 确保 MySQL 中 innodb_page_size 的值不小于默认值

（续）

软件	产品	版本	说明
数据库	Oracle	Oracle 19c Oracle 18c Oracle 12c R2	• 不支持 Oracle Advanced Compression Option（ACO） • 确保 Oracle 中 DB_BLOCK_SIZE 的值不小于默认值 • JDBC 驱动要使用 JDBC 19.3（ojdbc8）
	Microsoft SQL Server	SQL Server 2017 SQL Server 2016	不支持 Express Editions of Microsoft SQL Server
	Microsoft Azure		
	Amazon Aurora（仅支持 Jira Data Center）	PostgreSQL 11 PostgreSQL 9.6	

2.2　安装步骤

确定部署方案、Jira 版本，以及相关的硬件和软件配置以后，要正式开始安装了。我们以 Jira Software 单节点部署 + MySQL 方案为例，介绍如何在 Linux 和 Windows 操作系统中安装 Jira 和进行 Jira 系统设置。

 提示　如果需要安装集群部署，硬件设备需要增加负载均衡（Load Balance），多台服务器共享存储。安装过程要比单节点部署多一些步骤，如配置共享目录、增加到负载均衡等，详情请参考 https://confluence.atlassian.com/adminjiraserver0813/set-up-a-jira-data-center-cluster-1027138713.html。

如果想要安装 Jira 的 Server 版本，需要自行寻找安装软件，官网已经不提供 Server 版本软件下载了。Jira Server 版本的安装方法可以参考单节点部署的安装步骤。

2.2.1　准备 MySQL 数据库

在安装 Jira 之前，我们先安装 MySQL 5.7，并且为 Jira 创建数据库、用户以及修改 MySQL 默认配置。

1. 安装 MySQL

可以到 MySQL 官网（https://dev.mysql.com/downloads）下载符合你操作系统的安装包，然后在服务器上安装好 MySQL 5.7。根据系统规模，需要考虑数据库和 Jira 是否安装在不同的机器上，以提高系统性能。

2. 创建 Jira 数据库

在安装好的 MySQL 上新建一个数据库，如 jiradb，代码如下。

```
CREATE DATABASE jiradb CHARACTER SET utf8mb4 COLLATE utf8mb4_bin;
```

3. 创建 Jira 数据库用户

在 MySQL 上新建一个 Jira 用户 jiradbuser，并且把 Jira 数据库的权限赋予这个用户。把以下命令行中 Jira 服务器的 IP 和密码替换为环境中的实际值。

```
#MySQL 5.7.6 以及更新版本（包括 REFERENCES 权限）:
GRANT SELECT,INSERT,UPDATE,DELETE,CREATE,DROP,REFERENCES,ALTER,IND
EX on jiradb.* TO 'jiradbuser'@'<JIRA_SERVER_HOSTNAME>' IDENTIFIED BY
'<PASSWORD>';
flush privileges;

#MySQL 5.7.0 ～ 5.7.5 版本:
GRANT SELECT,INSERT,UPDATE,DELETE,CREATE,DROP,ALTER,INDEX on jiradb.* TO
'jiradbuser'@'<JIRA_SERVER_HOSTNAME>' IDENTIFIED BY '<PASSWORD>';
flush privileges;
```

4. 修改 MySQL 默认配置

打开 MySQL 的配置文件（my.cnf 或 my.ini），检查 [mysqld] 段落下的配置项，对照下面的代码进行设置。

```
[mysqld]
...
default-storage-engine=INNODB
character_set_server=utf8mb4
innodb_default_row_format=DYNAMIC
innodb_large_prefix=ON
innodb_file_format=Barracuda
innodb_log_file_size=2G
# 如果有 sql_mode = NO_AUTO_VALUE_ON_ZERO 这个设置项，需要删除
# 省略部分代码
```

2.2.2 Windows 系统安装 Jira

Jira 为 Windows 系统提供了两种安装方式：一种是安装程序，可以自动化安装，简单易用，建议使用这种方式；另一种是压缩包，需要手动安装和配置。如果你的环境无法自动安装程序，那么可以进行手动安装。

我们以 Jira 最新稳定版（8.13.0）的安装程序为例进行介绍。

第一步，在 Atlassian 官方网站（https://www.atlassian.com/zh/software/jira/update）下载 Windows 安装包到服务器，选择"8.13.0（Windows 64 Bit Install）"。

第二步，使用管理员身份运行 Jira 的安装程序，在安装程序界面单击 Next，开始安装。

第三步，选择安装或者升级选项，单击 Custom Install 进行定制安装，这样可以手动安装程序目录、数据目录和程序端口。如果单击 Express Install 进行快速安装，将使用默认的目录和端口设置。

第四步，选择 Jira 程序安装路径。这个路径是 Jira 程序的主目录，其中包括 Jira 的程序、库文件、系统配置文件等。

第五步，选择 Jira 数据目录。这个路径是 Jira 存储用户数据的目录，其中包括用户的数据（附件、头像）、系统数据备份、用户安装的插件、索引文件等。请不要放在 Jira 程序安装路径的子目录中。

第六步，选择创建 Jira 程序快捷方式的位置。

第七步，选择 Jira 网站和控制程序的网络端口，须考虑用户访问网站的便利性和服务器的端口分配，端口不能和其他程序冲突。当采用 80 端口时，用户访问 Jira 网站无须输入端口号。

第八步，选择是否采用 Windows 服务的方式来启动和停止 Jira。如果选择是，服务器启动时会自动启动 Jira 服务，并且可以在 Windows 服务中控制 Jira 服务的启动和停止。

第九步，检查并确认全部的安装设置，如果检查无误，单击"下一步"开始安装。

第十步，安装完毕后，单击"启动 Jira"。

第十一步，启动 Jira 程序后，单击"完成"，系统会自动打开浏览器，访问 Jira 网站进行系统设置。

至此，Jira 安装已经完成，后续的设置参见 2.3 节。

2.2.3 Linux 系统安装 Jira

Jira 为 Linux 系统也提供了两种安装方式：一种是安装程序，可以自动化安装，简单易用，建议使用这种方式；另一种是压缩包，需要手动安装和配置。

我们以 Jira 最新稳定版（8.13.0）的安装程序为例进行说明。

第一步，在 Atlassian 网站（https://www.atlassian.com/zh/software/jira/update）下载 Linux 安装包到服务器，这里我们选择 "8.13.0（Linux 64 Bit Install）"。

第二步，下载 Jira 安装包以后，把文件上传到 Linux 服务器，并且给文件增加执行属性。

```
[jirauser@jira]chmod a+x atlassian-jira-software-8.13.0-x64.bin
[jirauser@jira]$ls -l
-rwxr-xr-x 1 jirauser jirauser 401189049 Sep 20 18:47
atlassian-jira-software-8.13.0-x64.bin
```

第三步，使用 sudo 命令执行安装程序，根据提示选择安装参数。这里我们选择自定义模式，可以选择安装路径和服务端口。

```
[jirauser@jira]$sudo ./atlassian-jira-software-8.13.0-x64.bin
Unpacking JRE ...
Starting Installer ...

This will install Jira Software 8.13.0 on your computer.
OK [o, Enter], Cancel [c]
o
Click Next to continue, or Cancel to exit Setup.

Choose the appropriate installation or upgrade option.
Please choose one of the following:
Express Install (use default settings) [1], Custom Install (recommended for
advanced users) [2, Enter], Upgrade an existing Jira installation [3]
2
```

第四步，根据需要选择安装路径和服务端口，选择是否要将 Jira 安装为系统服务。注意不要把 data 目录放在 Jira 程序安装路径的子目录中。

```
Select the folder where you would like Jira Software to be installed.
Where should Jira Software be installed?
[/opt/atlassian/jira]


Default location for Jira Software data
[/var/atlassian/application-data/jira]


Configure which ports Jira Software will use.
Jira requires two TCP ports that are not being used by any other
applications on this machine. The HTTP port is where you will access Jira
through your browser. The Control port is used to startup and shutdown Jira.
Use default ports (HTTP: 8080, Control: 8005) - Recommended [1, Enter], Set
```

```
custom value for HTTP and Control ports [2]
1

Jira can be run in the background.
You may choose to run Jira as a service, which means it will start
automatically whenever the computer restarts.
Install Jira as Service?
Yes [y, Enter], No [n]
y

Details on where Jira Software will be installed and the settings that will
be used.
Installation Directory: /opt/atlassian/jira
Home Directory: /var/atlassian/application-data/jira
HTTP Port: 8080
RMI Port: 8005
Install as service: Yes
Install [i, Enter], Exit [e]
I
```

　　第五步，确定安装参数无误后，执行安装。安装程序执行完成后，会自动创建一个新用户 jira，并且使用这个用户的身份来启动 Jira 服务。

　　至此，Jira 安装已经完成，后续的设置参见 2.3 节。

```
Extracting files ...

Please wait a few moments while jira Software is configured.
Installation of jira Software 8.13.0 is complete
Start jira Software 8.13.0 now?
Yes [y, Enter], No [n]
y

Please wait a few moments while jira Software starts up.
Launching jira Software ...
Installation of jira Software 8.13.0 is complete
Your installation of jira Software 8.13.0 is now ready and can be accessed
via your browser.
jira Software 8.13.0 can be accessed at http://localhost:8080
Finishing installation ...
```

安装完成后，可以分别使用以下两个命令来启动和关闭 Jira 服务。

```
[jirauser@jira]#sudo service jira start
To run Jira in the foreground, start the server with start-jira.sh -fg
executing using dedicated user: jira
...
Tomcat started.
```

```
[jirauser@jira]#sudo service jira stop
executing using dedicated user
...
Tomcat stopped.
```

2.3 系统设置

安装 Jira 后，还需要对 Jira 进行一些系统设置，才能正式开始使用，例如连接数据库、用户注册、创建系统管理员账号等。

根据安装程序中设置的网站地址和端口，打开浏览器并访问。不同操作系统上安装的 Jira 的系统设置步骤和方法都是相同的。此前 Windows 安装示例中设置的 Jira 网站端口号是 80，用浏览器访问地址 http://localhost/，然后跟随向导进行系统设置。

下面以 Windows 系统为例进行说明。

第一步，打开浏览器访问 Jira 网站，在向导页面中选择设置方式。第一个选项是对系统进行快速设置，将使用内置的 H2 数据库，并且自动申请试用许可证，用于搭建演示或评估环境，并要求能访问互联网。第二个选项是手工设置，包括设置数据库、注册用户等，用于搭建生产环境，无须访问互联网。这里我们选择第二个选项，搭建生产环境。

第二步，配置数据库。选择"其他数据库"，填入前面步骤安装的 MySQL 的相关参数，包括 MySQL 的 IP、数据库名称和用户名，测试连接。

第三步，如果页面出现"找不到驱动：com.mysql.jdbc,Driver"的错误提示，请到 MySQL 网站下载数据库驱动程序（https://dev.mysql.com/downloads/connector/j/5.1.html）。下载并解压后，把其中的 JAR 包复制到 Jira 安装目录的 lib 子目录下。添加驱动文件以后，需要重新启动 Jira 服务。在页面中再次单击"测试连接"，显示连接成功后，单击"下一步"。

第四步，配置应用程序的属性。选择是否允许用户自行注册，基本 URL 要根据用户机器访问 Jira 网站的地址进行设置，例如 http://192.168.1.1:8080。

第五步，配置许可证。输入许可证，或者在 Atlassian 网站中申请一个试用的许可证 key。

第六步，配置管理员账号。输入管理员的基本信息和密码。管理员账号非常重要，将用于系统管理，请妥善保管管理员账号和密码。

第七步，配置电子邮件通知。

第八步，管理员首次登录 Jira 系统。系统设置向导会使用管理员账号自动登录 Jira，并且完成管理员个人偏好的设置（显示语言、个人头像）。

第九步，出现欢迎页面，系统设置全部完成，可以开始使用 Jira 了。

2.4　Jira 目录结构

Jira 安装和配置完成后，我们来了解一下 Jira 的目录和主要文件，如表 2-5 所示，以便将来更好地进行系统维护和管理。

表 2-5　Jira 目录和主要文件

目录 / 文件	说明
JIRA_HOME_DIR 例如，C:\Program Files\Atlassian\Application Data\Jira	Jira 数据目录
JIRA_ INSTALL_DIR 例如，C:\Program Files\Atlassian\Jira	Jira 程序安装目录
{JIRA_ HOME _DIR }\dbconfig.xml	Jira 数据库连接配置文件
{JIRA_ HOME _DIR }\data	保存附件和用户头像文件的目录
{JIRA_ HOME _DIR }\log	日志文件的目录
{JIRA_ HOME _DIR }\export	Jira 系统导出文件的目录，包括数据库数据自动备份文件、故障诊断文件等
{JIRA_ HOME _DIR }\plugins	插件目录
{JIRA_ HOME _DIR }\caches	缓存目录，包括 Lucene 索引文件
{JIRA_ INSTALL_DIR }\conf\server.xml	Jira 网站的配置文件，包括 Jira 网站的端口、HTTPS 设置等
{JIRA_ INSTALL_DIR }\atlassian-Jira\WEB-INF\classes\log4j. properties	日志的配置文件

2.5　本章小结

本章我们了解了安装 Jira 的准备工作及配置流程。其中有两个问题需要重点考虑：一个是基于当前和未来的用户规模与需求，选择合适的 Jira 部署方案，一旦部署后再改变，将会带来额外的迁移代价；另一个是选择合适的 Jira 版本，须结合版本升级计划综合考虑。Atlassian 网站会定期更新 Jira 版本发布信息，请关注新版本功能、安全漏洞和缺陷的修复，自行决定是否需要升级版本。

在完成了 Jira 的安装和配置后，第 3 章我们开始了解 Jira 的基本功能。

Chapter 3 第 3 章

Jira 的基本功能

安装好 Jira 系统后，我们将正式使用 Jira 开始项目管理。本章从创建一个 Jira 项目开始，结合项目管理场景，逐一介绍 Jira 的基本功能。

本章要介绍的内容如下。

☐ 创建项目。

☐ 界面布局。

☐ 添加项目成员。

☐ 基本问题类型的使用。

☐ 开始第一个 Jira 项目。

3.1 创建项目

Jira 根据不同的项目管理需求提供了多种项目类型模板，在创建项目之前，我们要先了解不同项目类型的功能，然后根据自己的需求，选择合适的类型来创建项目。本节以敏捷项目管理为例来介绍 Jira 项目管理的基本功能。

3.1.1 选择项目类型

Jira 提供了预制的项目模板，包括问题类型、工作流以及特定的功能模块，方便用户快速创建项目。在项目创建后，用户还可以进一步定制问题类型和工作流。

项目模板分为两类——Software 和 Business。Software 模板用于设置软件项目管理的问题类型和流程，并创建项目管理面板（Scrum、Kanban）。Business 模板用于任务管理、任务状态跟踪和流转。

3.1.2　创建第一个项目

登录 Jira 网站，在顶部菜单中单击"项目"→"创建项目"，打开项目创建向导，如图 3-1 所示。在项目模板下面，提供了 3 个子类型供选择。可以选择其中一个模板，单击"下一步"，查看它们的详细说明。

我们选择"Scrum 开发方法"模板，填写项目基本信息，包括项目名称和关键字。提交后，系统将创建一个 Scrum 敏捷项目。

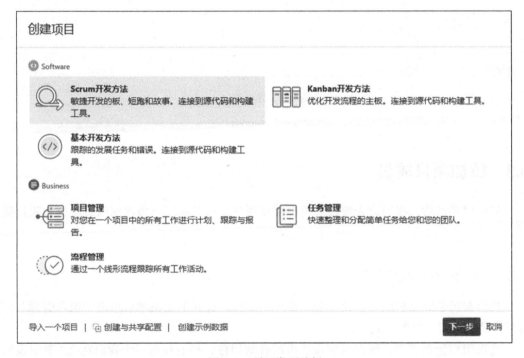

图 3-1　项目类型选择

3.2　界面布局

Jira 的界面分为三部分——顶部导航栏、侧边导航栏、数据界面，如图 3-2 所示。全局功能使用顶部导航栏进行切换，例如切换项目。单个项目内的功能，主要使用侧边导航栏进行切换。数据界面是查看和操作数据的主界面。

图 3-2　界面布局

3.3　添加项目成员

创建好项目后，我们首先要在系统中增加用户，然后将用户添加到项目中成为项目成员。项目成员登录后可以在 Jira 中进行在线协作。

3.3.1　在系统中增加用户

我们在顶部导航栏的右上角找到"管理"图标，打开下拉菜单后单击"用户管理"进入用户管理页面，如图 3-3 所示。

进入用户管理页面，可以看到系统内所有的用户。当前只有一个我们在 2.3 节中设置的系统管理员用户。单击右上角的"用户管理"按钮，打开创建用户页面，如图 3-4 所示。填写新用户的基本信息，选择是否发送邮件给新用户，然后创建新用户，如图 3-5 所示。

3.3.2　将用户添加到项目中

首先在左侧导航栏底部单击"项目设置"，然后在项目管理页面左侧菜单底部单击"用户和角色"，进入项目用户和角色管理页面，如图 3-6 所示。

图 3-3　打开用户管理页面

图 3-4　创建用户

图 3-5 创建新用户

图 3-6 进入项目用户和角色管理页面

　　单击"为角色添加用户"按钮，在弹出的对话框中添加项目成员（系统默认只有 1 个 Administrators 角色，我们将在 4.7 节介绍如何管理项目角色），如图 3-7 所示。

图 3-7　添加项目成员

3.3.3　用户信息和偏好设置

　　用新建的项目成员登录 Jira 系统，首次登录时，系统会出现一个向导。跟随向导设置自己的头像，建议每个成员都设置一个独特的头像。Jira 中很多页面都会显示用户头像，便于更好地分辨用户。登录后在顶部导航栏的右上角单击头像，在下拉菜单中单击"用户信息"，打开用户信息和偏好设置页面，如图 3-8 所示。

图 3-8　打开用户信息和偏好设置页面

在"详情"区域可以修改用户全名、邮件和密码。在"参数配置"区域可以修改个人偏好，如图 3-9 所示。

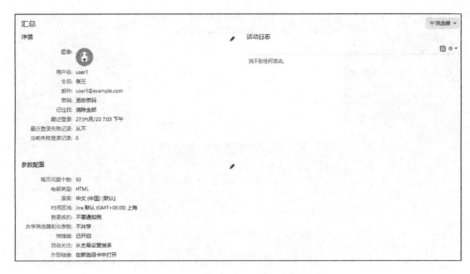

图 3-9 用户详情和参数配置页面

3.4 基本问题类型的使用

问题（issue）是 Jira 的核心功能，也是 Jira 中信息管理的基本单位。项目管理中的一些重要信息都是由问题来承载的，如需求、任务、缺陷等。这些信息在 Jira 中使用不同的问题类型进行记录和管理，例如使用故事来记录需求。此外，Jira 还支持用户自定义问题类型去记录和管理工作中的信息。下面我们以敏捷项目管理中默认的问题类型为例，介绍如何使用问题。

3.4.1 默认基本问题类型

Jira 默认的问题类型有 5 种——Epic（史诗）、故事、任务、故障和子任务。它们分别用来承载不同类型的信息，如表 3-1 所示。

表 3-1 默认基本问题类型

问题类型	说明
Epic	适用于业务目标或大型的用户故事，需要将其进一步拆解成多个用户故事 / 任务。这些故事 / 任务之间可以有关联，也可以独立发布。当所有的用户故事 / 任务都完成后，这个 Epic 才完成。用 Epic 能更好地对用户故事 / 任务进行组织和概括，也便于对用户、组织管理者等项目干系人进行沟通交流

（续）

问题类型	说明
故事	适用于用户故事，具备完整、独立、交付价值的特点。用来描述用户需求，并且可以分解为多个子任务
任务	适用于一种有明确行为的工作任务。任务可能对用户没有明显或直接的交付价值，例如代码重构、解决技术债务、清理测试环境等 任务也可以分解为多个子任务
故障	也叫缺陷、漏洞，适用于缺陷处理
子任务	适用于任何问题类型分解出来的具体工作任务

3.4.2　创建问题

本节以在项目中创建一个用户故事"新用户注册"为例，介绍如何创建问题。首先，我们在导航栏的"项目"菜单中选择刚新建的项目作为当前项目。然后，在顶部导航栏中单击"新建"，Jira 系统会弹出一个创建问题的对话框，在对话框中选择"故事"问题类型，根据页面的字段填写描述，单击"新建"按钮创建一个问题，如图 3-10 所示。

图 3-10　创建问题

在创建问题的字段中，字段名后面有符号"*"的是必填项，其他为选填项。

Jira 支持直接拖曳一个文件到对话框，并自动添加到"附件"字段中。可以用"链接的问题"字段来建立和其他问题的关联关系，例如"新用户注册"故事会阻塞另一个故事"新用户登录"，可以在"链接的问题"下拉框中选择 blocks，并在"问题"下拉框中选择故事"新用户登录"。

如果觉得显示的字段太多而且用不上，可以单击页面右上角的"配置域"按钮，自定义要显示的字段，如图 3-11 所示。请注意，对于必填字段一定要选择"显示"，否则无法创建问题。

图 3-11　创建问题字段并显示

如果想要连续创建多个问题，可以勾选"创建另一个"复选框。创建完成一个问题后，对话框不会关闭，并且刚才已填入的一些字段内容会继续保留，用于快捷连续创建问题。

3.4.3　查看问题

创建完问题后，可以用以下两种方式查看问题的内容。

一种是在 Backlog 列表中选中要查看的问题，页面的右侧会出现一个问题信息栏，显示问题的主要信息，如图 3-12 所示。

图 3-12　在 Backlog 中查看问题

另一种是单击要查看的问题，在浏览器中打开问题详情页面，如图 3-13 所示。

图 3-13　在问题详情页面中查看问题

3.4.4 编辑问题

如果问题创建后想要修改内容，可以选中这个问题，按下 E 键，Jira 会弹出一个编辑问题的对话框，可以在对话框中对内容进行修改，如图 3-14 所示。

图 3-14 在对话框中编辑问题

也可以在问题详情页面中，单击要修改的字段进行编辑，如图 3-15 所示。

图 3-15 在问题详情页面中编辑问题

3.4.5　删除问题

如果想彻底删除一个问题，可以选定这个问题，在右侧问题信息页面右上角的菜单中单击"删除"，如图 3-16 所示。

图 3-16　删除问题

3.4.6　复制问题

如果想基于一个已有的问题复制一个新的问题，可以在页面右侧问题信息的菜单中单击"更多"，在弹出的对话框中选择"复制"，如图 3-17 所示。

图 3-17　复制问题

3.4.7　将问题分配给经办人

如果问题的处理流程中需要多人协作，那么需要在流程中把问题分配给对应的经办人。"故障"类型的问题处理流程如下。

1）测试人员创建了一个"故障"类型的问题，并分配给开发人员修复。

2）开发人员修复以后，把问题分配给测试人员。

3）测试人员测试通过后，关闭问题。

在第一步，测试人员可以用问题的"分配"功能来选择对应的开发人员为经办人，如图 3-18 所示。Jira 将弹出一个分配经办人的对话框，选择要分配的人，单击"分配"按钮。问题的经办人会收到一封通知邮件。

图 3-18　分配问题给经办人

3.5　开始第一个 Jira 项目

本节介绍如何在采用 Scrum 敏捷开发的项目中使用 Jira 进行项目管理。

3.5.1　Scrum 敏捷开发中的主要流程和活动

Scrum 敏捷开发中的主要流程和活动如图 3-19 所示。持续地维护产品的需求到产品 Backlog 中，根据产品需求、市场和团队等情况制订版本的计划，再根据版本计划，把产品研发过程分为多个 Sprint，迭代开发和交付可使用的产品给客户。在每个 Sprint 中，依次召开 Sprint 计划会议（sprint planning meeting）、每日站会（daily standup meeting）、Sprint 评审会议（sprint review meeting）、Sprint 回顾会议（sprint retrospective meeting），团队先制订 Sprint 目标和计划，然后在执行过程中不断更新状态并及时调整，在 Sprint 评审会议上对需求的完成情况进行演示和验收，最后在 Spring 回顾会议上对 Sprint 进行总结，并根据反馈持续改进。持续多个 Sprint 后，发布版本，完成项目。

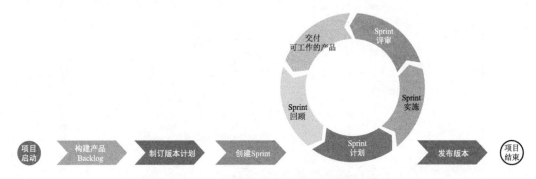

图 3-19　Scrum 敏捷开发中的主要流程和活动

接下来，我们新建一个 Jira 项目“项目 A”，演示在敏捷开发的主要流程和活动中，Jira 如何帮助我们进行项目管理。

3.5.2　记录需求

PO（Product Owner，产品负责人）首先需要把产品需求用“故事”的形式记录到 Jira 的 Backlog 中。每个故事都建议填写“描述”和“优先级”，为后面的 Backlog 管理和 Sprint 计划提供充足的信息。产品需求除了可以使用“故事”来记录，还可以使用 Epic 问题类型进行记录。Epic 可以很好地对用户故事 / 任务进行组织和概括，便于与用户、组织管理者等项目干系人进行沟通交流。

> **注意**　故事的描述需要按照“作为一个＜角色＞，我想要＜功能＞，以便于＜商业价值＞”的格式记录，体现故事的 3 个要素——角色、功能、商业价值。
> 预估故事点是对故事工作量的估计，通常采用一个大家都熟悉的功能作为基准，以此功能来衡量其他故事的工作量。故事点采用斐波那契数列：0、0.5、1、2、3、5、8、13、20、40、100。

3.5.3　管理 Backlog

PO 在把产品需求记录到 Epic 和故事以后，需要持续地根据用户和市场的反馈对故事的优先级进行调整，并且按故事的优先级从高到低在 Backlog 中拖曳故事，如图 3-20 所示。
Scrum team 将从 Backlog 中按顺序提取故事进行研发和交付。

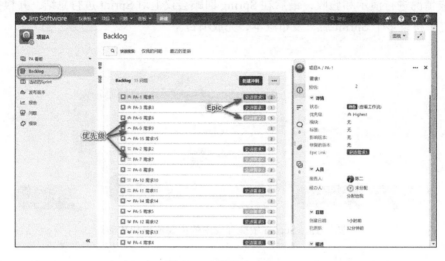

图 3-20　管理 Backlog

3.5.4　版本管理

PO 根据产品需求、市场和团队的情况，制订发布版本的计划，例如准备在什么时间，
优先完成哪些功能，后续版本依次完成哪些功能，发布周期是多久等。在 Jira 中，可以把
版本计划记录下来，如图 3-21 所示。而且可以把版本和相关的故事、缺陷等关联起来，如
图 3-22 所示。

图 3-21　版本管理

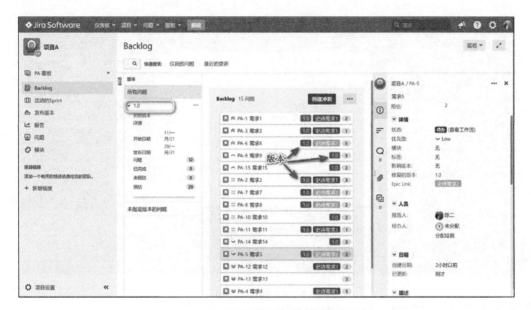

图 3-22　版本关联问题项

注意　版本管理需要项目管理员权限，如果无法添加版本，请检查是否拥有相关权限。关于权限配置，请参考 4.7 节的相关内容。

3.5.5　启动迭代

准备好 Backlog 之后，Scrum 团队将开启迭代。在 Sprint 计划会议中，PO 向团队依次介绍 Backlog 故事，团队用故事点对故事的工作量进行估算。如果需要更精细地跟踪一个故事，可以把故事进一步分解出子任务（sub task）。团队根据 Sprint 的时长和故事的工作量，结合人力资源的投入情况，对 Sprint 的目标和范围作出承诺。

在 Jira 中单击"创建冲刺"创建一个 Sprint，设置开始和结束时间，如图 3-23 所示。

把团队承诺的故事拖曳到 Sprint 中，单击"开始冲刺"，如图 3-24 所示。

在 Sprint 开始后，我们可以单击页面左侧导航栏中"活动的 Sprint"，查看当前 Sprint 的情况，如图 3-25 所示。

图 3-23　创建 Sprint

图 3-24　开始冲刺

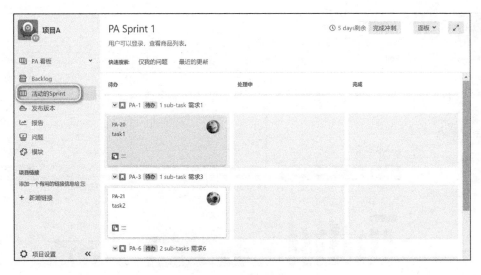

图 3-25　查看当前 Sprint 的情况

3.5.6　迭代实施

启动迭代后，SM（Scrum Master，敏捷专家）每天需要召开每日站会来快速同步每个人昨日的工作情况、今天的计划和是否有阻碍工作的问题。在召开每日站会前，每个成员先在"活动的 Sprint"看板中更新所领取的问题（故事、任务、缺陷等）的状态，如图 3-26所示，然后使用 Jira 的燃耗图 / 燃尽图（burn down chart）来跟踪 Sprint 当前的工作进展，燃耗图可以在左侧导航栏中的"报告"页面中找到，如图 3-27、图 3-28 所示。

图 3-26　每日更新问题状态

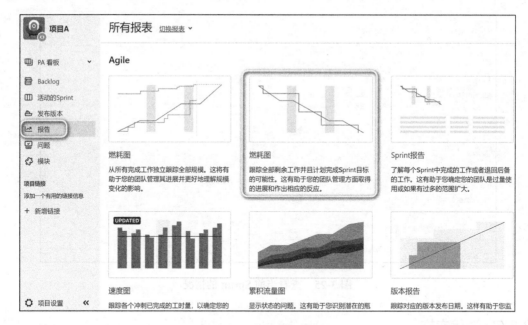

图 3-27   燃耗图的位置

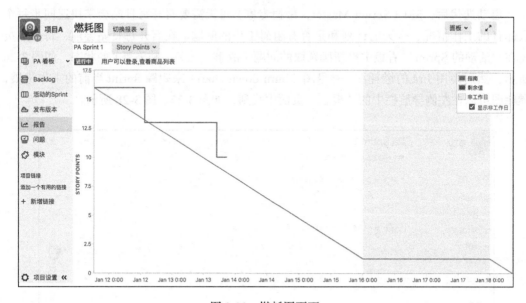

图 3-28   燃耗图页面

3.5.7   完成迭代

通常在迭代的最后一天召开 Sprint 评审会议，在会上演示当前 Sprint 完成的功能，PO 对故事进行验收，根据验收的结果更新各个问题的状态。SM 在 Jira 中单击"完成"来关闭当前 Sprint，如图 3-29 所示。如果 Sprint 有未完成的问题，可以将其移回到 Backlog 中，或者移动到下一个 Sprint 中继续完成。

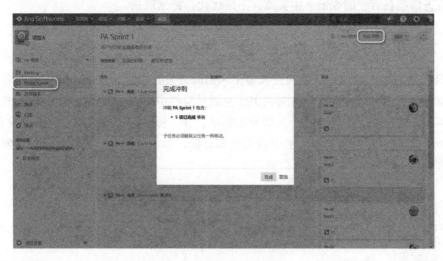

图 3-29　完成冲刺

在完成迭代后，Jira 将自动跳转到 Sprint 报告页面，展示已完成的 Sprint 的整体情况、燃耗图、完成和未完成的问题列表等信息，如图 3-30 所示。

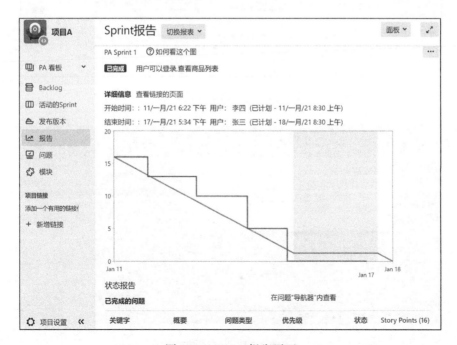

图 3-30　Sprint 报告页面

迭代的最后一个会议是 Sprint 回顾会议，回顾当前 Sprint 中做得好的地方、存在的问题和需要改进的地方，包括流程、团队协作、工作效率、产品质量、工具等，并且把大家提出的改进措施在后续的 Sprint 中实施，不断优化，持续改进。

3.5.8 发布版本

按照产品的版本计划，在顺利完成多个 Sprint 开发，并达到该版本所要求的各项功能和验收指标后，进行版本发布。首先在 Jira 左侧导航栏中单击"发布版本"。然后找到要发布的版本。接着检查版本进度是否达到发布标准，在"操作"下拉菜单中单击"发布"，如图 3-31 所示。最后在弹出的对话框中输入发布日期，单击"发布"按钮进行版本发布，如图 3-32 所示。

图 3-31　选择待发布的版本

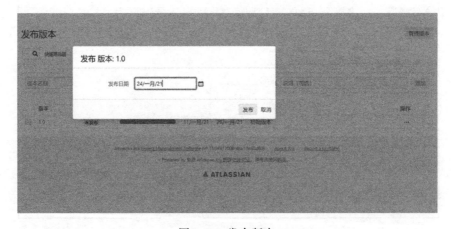

图 3-32　发布版本

我们可以在 Jira 报告中打开"版本报告"来回顾当前版本中所有问题的进展和完成的故事点统计，如图 3-33 所示。

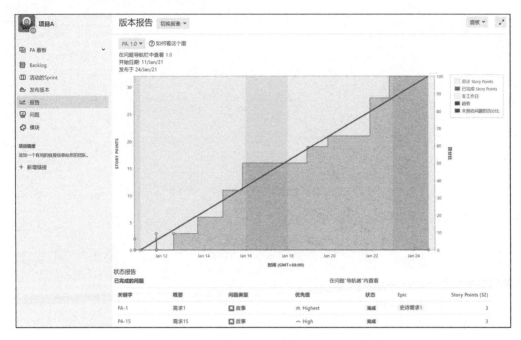

图 3-33　版本报告

3.6　本章小结

本章我们创建了一个 Jira 项目，在这个过程中熟悉了项目的创建、项目成员的管理、各类基本问题的使用与解决方式。我们了解了使用 Jira 管理一个采用 Scrum 流程的项目完成版本发布的全过程，从产品需求收集，到制订版本计划、启动迭代，再到完成版本的发布。

至此，我们对 Jira 的基本功能有了整体的了解，第二部分将对 Jira 的高级功能和高级定制进行专项介绍。

Jira 进阶

　　Jira 拥有强大的项目管理功能和高度灵活的定制能力，这是 Jira 产品的核心优势。本部分将通过实际案例介绍如何使用搜索、筛选器、报表、仪表板来查找和展示数据，如何使用面板来跟踪和管理敏捷项目，如何通过自定义字段、界面、工作流等高级定制功能打磨出符合企业实际需求的管理平台。

Chapter 4 第4章

Jira 高级功能

在熟悉了 Jira 的基本功能后，我们可以使用 Jira 满足项目管理过程中的基本诉求。在此基础上，再了解 Jira 的高级功能。掌握了这些功能，我们将能够更好地发挥出 Jira 强大的管理能力，更灵活地满足项目管理过程中的各类诉求，提高工作效率。

本章要介绍的内容如下。

- 搜索。
- 筛选器。
- 面板。
- 报表。
- 仪表板。
- 项目模块。
- 权限管理。

4.1 搜索

我们在 Jira 中记录了众多问题的信息和状态后，还需要根据不同的条件对数据进行搜索过滤，导出结果并展现，进而对数据进行进一步的分析和处理。Jira 提供了 3 种搜索方式：快速搜索、基本搜索和高级搜索。

4.1.1 快速搜索

快速搜索是使用 Jira 提供的一些常用搜索过滤条件（筛选器）直接搜索。搜索条件包括打开的问题、已处理的问题、我的问题、最近创建的问题等。在快速搜索中还可以选择排序的字段、按正序或倒序排序。查询的结果显示为问题详细信息，不支持以列表的方式显示。我们可以在左侧导航栏中单击"问题"选项卡进入快速搜索页面，如图 4-1 所示。

图 4-1　快速搜索页面

4.1.2　基本搜索

基本搜索是图形化显示的，可以灵活自定义搜索条件。我们在可访问范围内可以搜索所有的问题，例如所有项目中超过 30 天未解决的问题。在快速搜索页面（见图 4-1），单击右上角"显示所有问题和筛选器"链接，进入基本搜索页面。在图形化界面选择要搜索的字段和条件，如图 4-2 所示。

图 4-2　基本搜索页面

搜索的结果默认显示为详细视图，可以通过修改页面右侧的视图控件将显示方式从详细视图方式切换为列表方式，还可以指定显示哪些列，如图 4-3 所示。这些勾选的列也将出现在数据导出文档中。

图 4-3　指定显示的列

4.1.3　高级搜索

高级搜索是一个功能更强大的搜索方式，使用类似 SQL 语句的 JQL（Jira Query Language）来设置搜索条件。它支持排除条件（!=, not in）和函数，这是基本搜索方式不具备的功能。另外，Jira 支持图形化基本搜索和 JQL 高级搜索之间的转化，前提是 JQL 设置的搜索条件不包含基本搜索不支持的功能。在高级搜索页面单击"简单"链接即可切换为基本搜索，如图 4-4 所示。更多的 JQL 语法可以单击搜索框右侧的问号图标，参考官网的使用说明。

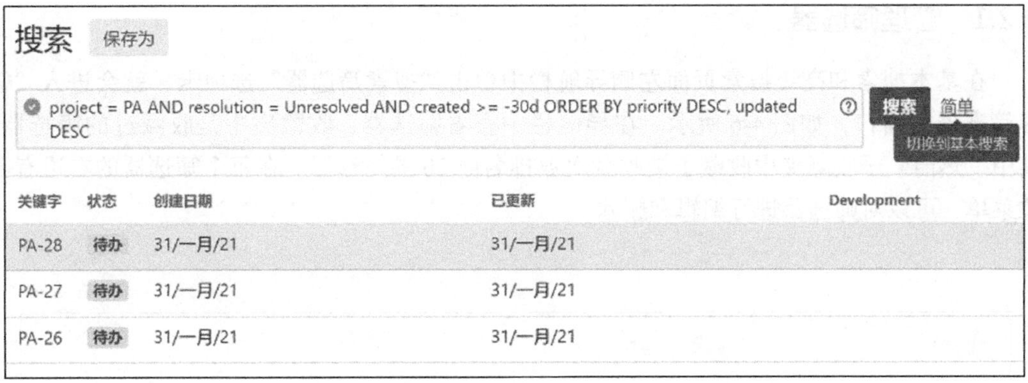

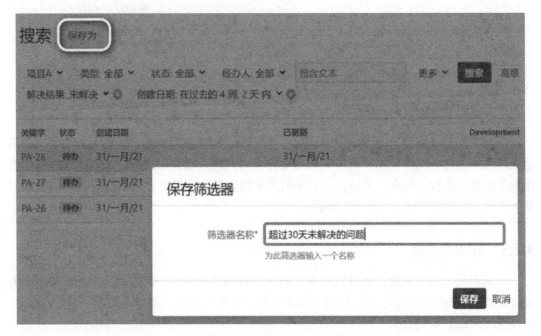

图 4-4　高级搜索页面

4.2　筛选器

如果我们在基本搜索和高级搜索中修改了搜索条件，并且想以后还能继续使用这个搜索条件，那么可以将这个搜索条件保存为筛选器，如图 4-5 所示。保存后，这个筛选器将出现在左侧导航栏的"保存的筛选器"下方。

图 4-5　"保存筛选器"窗口

4.2.1　管理筛选器

在基本搜索和高级搜索页面左侧导航栏中单击"搜索筛选器"选项卡，就会进入"管理筛选器"窗口，如图 4-6 所示。在导航栏中查看筛选器，收藏夹中是收藏过的筛选器，其中"热门"子收藏夹中收藏了被收藏次数排名前 20 的筛选器。在每个筛选器的右边有下拉菜单，可以对筛选器进行编辑和删除。

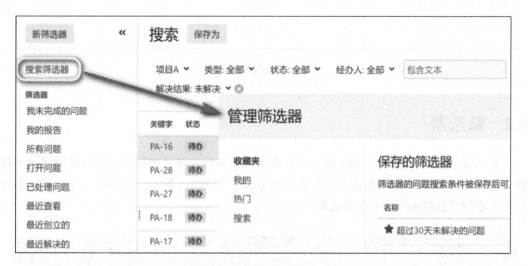

图 4-6　"管理筛选器"窗口

4.2.2　分享筛选器

我们创建的"超过 30 天未解决的问题"筛选器，默认只有创建人能看见和使用。如果想让其他人也能看见并使用，可以将筛选器分享给其他人或者用户组。单击筛选器右边的设置下拉框，选择"编辑"选项，在"编辑当前筛选器"窗口中，可以将查看或编辑权限赋予其他人或者用户组，如图 4-7 所示。

4.2.3　订阅筛选器

筛选器除了用于搜索，还可以用来定时发送查询结果邮件。例如，每天发送超过 3 天未修复的缺陷邮件给自己。单击筛选器列表中的"订阅"选项，就可以打开一个"筛选器"窗口订阅，如图 4-8 所示。

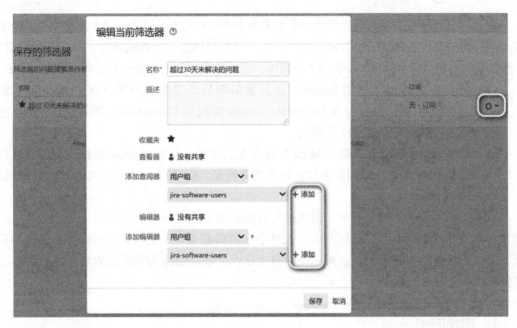

图 4-7　分享筛选器

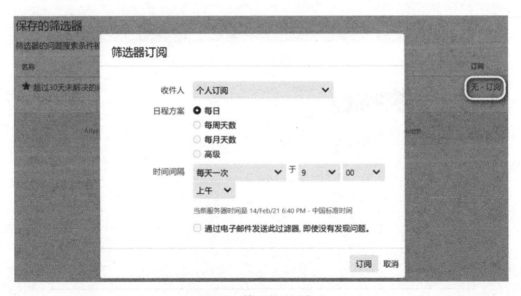

图 4-8　筛选器订阅窗口

4.3 面板

进入一个项目时，系统将跳转到一个用多列卡片显示问题的页面。这个用于展现 1 个或多个项目的问题内容和状态的页面，就是面板。当我们创建一个新项目时，Jira 会自动创建一个默认的面板。每个项目至少拥有 1 个面板，面板的类型分为 Scrum 面板和 Kanban 面板。

- ❑ Scrum 面板适用于采用 Scrum 方法开发的项目，它能帮助团队维护 Backlog，制订 Sprint 计划，执行并发布 Sprint。Scrum 面板包括 Backlog、活动的 Sprint、报表（包含众多敏捷报表）等模块。
- ❑ Kanban 面板适用于采用 Kanban 方法开发的项目。使用 Kanban 面板可将工作流程和在制品可视化，持续促进增量改进现有流程。Kanban 面板包括 Kanban 看板和报表等模块。

一般情况下，一个项目有一个面板就可以满足展示项目问题状态的要求了。如果一个项目有多个开发小组参与，问题众多，且每个小组都希望有 1 个仅展示本组关心问题的看板，那么可以额外创建面板。如果一个项目中多个开发小组采用的开发方法不同，那么也需要创建不同的面板。

4.3.1 创建面板

假设项目 A 中已经有一个默认的 Scrum 面板，我们再来创建一个 Kanban 面板。在导航栏中单击面板名称的下拉菜单，然后单击"创建面板"选项卡，如图 4-9 所示。

图 4-9　创建面板

在弹出的"创建敏捷面板"窗口中，单击"创建一个看板"按钮，如图 4-10 所示。

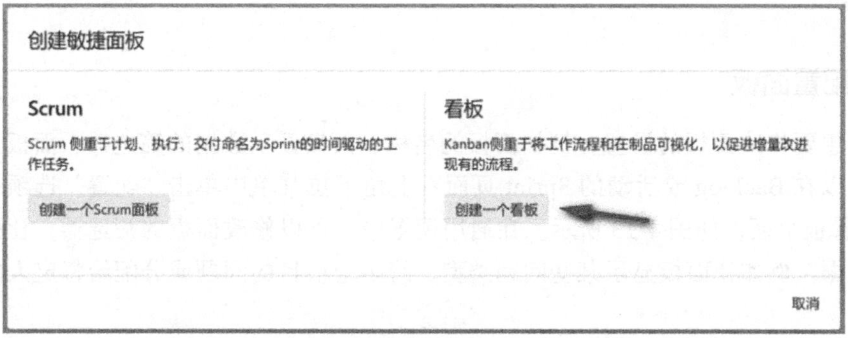

图 4-10　创建看板

Jira 会显示 2 个选择——面板依赖于一个已有项目和面板依赖于一个已有的筛选器，如图 4-11 所示。选择依赖已有项目，面板将显示某个项目的所有问题。选择依赖筛选器，将通过筛选器来自定义面板包括问题的范围，例如属于多个项目、经办人为某个小组的成员、属于某些 Epic 下、某些问题类型等，如图 4-12 所示。

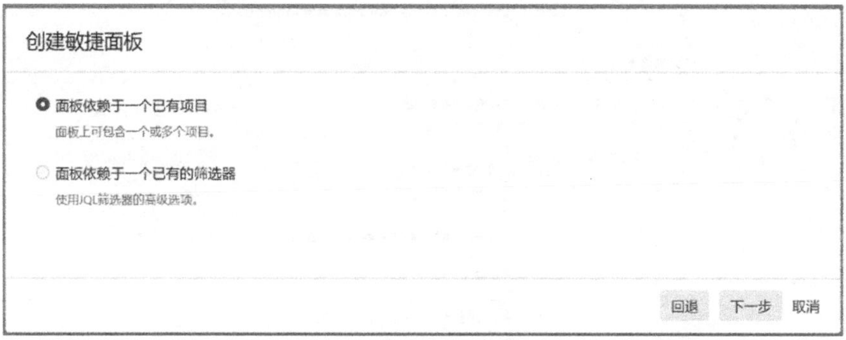

图 4-11　选择面板依赖类型

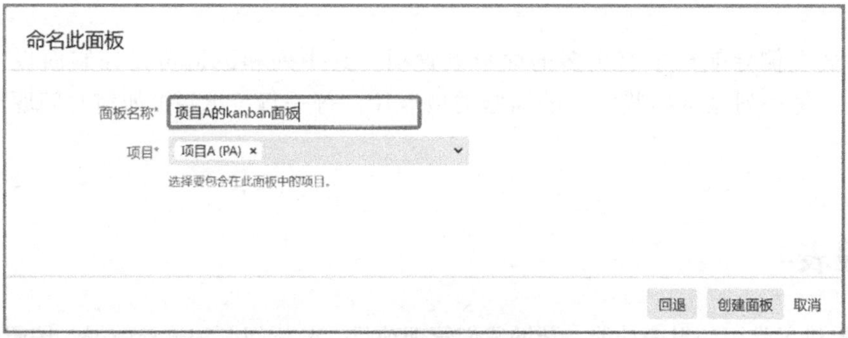

图 4-12　面板命名和依赖范围

面板创建成功后，Jira 会自动跳转到新建的面板，也可以在导航栏中切换不同的面板。

4.3.2 配置面板

如果想要修改面板的设置，例如面板的名称、面板显示数据的筛选器、面板的显示效果等，可以在 Backlog 或活动的 Sprint 页面右上角下拉菜单中单击"配置"选项卡，打开配置 PA 看板页面，如图 4-13 所示。在通用配置中，可以修改面板的筛选器，让面板显示不同的数据。例如让面板显示某些问题类型、跨多个项目的问题或分配给特定人的所有问题等。

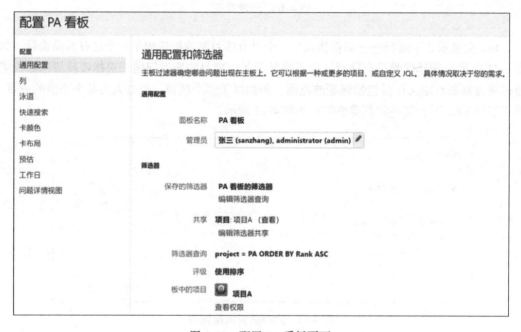

图 4-13　配置 PA 看板页面

在页面左侧导航栏中有更多的面板设置项，其中列和泳道可以控制面板中列的个数和顺序，每一列显示哪些状态的问题类型卡片，每一行（泳道）如何对问题卡片进行分组。

4.4　报表

Jira 提供了常用的报表功能，帮助我们管理项目、分析问题和统计数据。按照用途可将报表分为三类——Agile、问题分析、预测与管理。Agile 报表提供了当前项目的管理报表，并根据项目当前的面板类型显示不同的报表。如果是 Kanban 面板类型的项目，Jira 只提供累计流量图、控制图，用于反映项目的运行状况和效率；如果是 Scrum 面板类型的项目，Jira 会提供更丰富、适合 Scrum 流程的报表。

问题分析类、预测与管理类报表是一系列通用的可定制报表，不但提供了可选参数用于生成报表，还可以选择任何项目和筛选器作为数据来源。

下面以经典的饼图报表为例，介绍如何创建问题分析类、预测与管理类报表。

首先在报表页面中单击"报告：饼图"选项，打开报表的设置页面，如图 4-14 所示。我们可以通过修改项目或筛选器来设置要统计的数据来源，并在统计类型中选择不同的字段用于生成饼图。例如在统计项目 A 中，选择分配给各个经办人问题数量的比例。

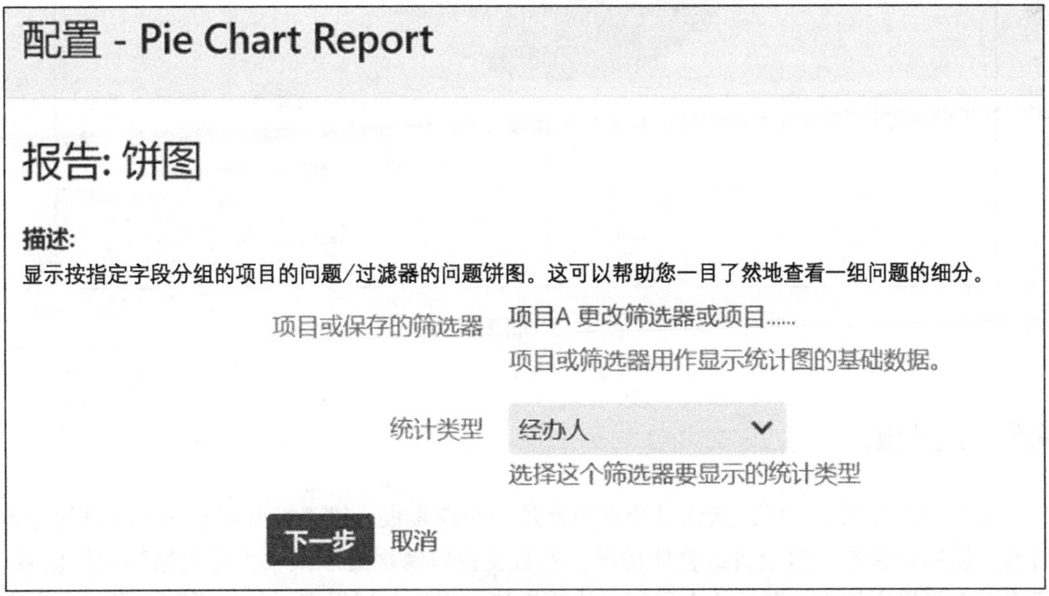

图 4-14　饼图设置

单击"下一步"按钮会生成一张饼图，如图 4-15 所示。单击饼图右上角的"配置"按钮，可以返回报表的设置页面，重新修改报表的条件。

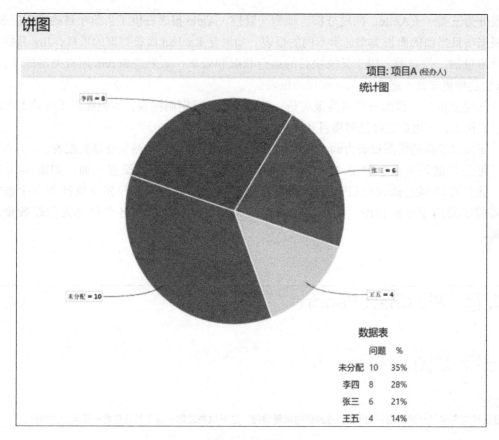

图 4-15　饼图报表

4.5　仪表板

　　每个用户登录 Jira 后，默认显示页面就是一个仪表板。仪表板可用于展示项目的各类信息，让用户快速了解项目的整体情况，并且支持以墙报的形式在大屏上循环展示信息。仪表板中可以添加 Jira 自带的小程序，快速搭建常用的数据报表。仪表板默认显示 3 个小程序——介绍、分配给我的（仪表板）、活动日志，如图 4-16 所示。

　　系统的仪表板是发布给所有用户的默认仪表板，只有管理员才有权限进行编辑。如果我们想要自定义一个仪表板来展示某个项目的信息，可以创建仪表板，在仪表板上添加小程序并分享给项目组成员。

　　首先，单击页面顶部导航栏中仪表板菜单下的管理仪表板菜单；然后，在管理仪表板页面的右上角，单击"创建新仪表板"选项卡，打开新仪表板的创建页面；最后，填写仪表板的名称，选择一个空白仪表板并分享给项目 A 的所有成员，如图 4-17 所示。

Jira Software
System Dashboard
DEMO-1 需求1
DEMO-2 需求2
DEMO-3 需求3
Your Company Jira

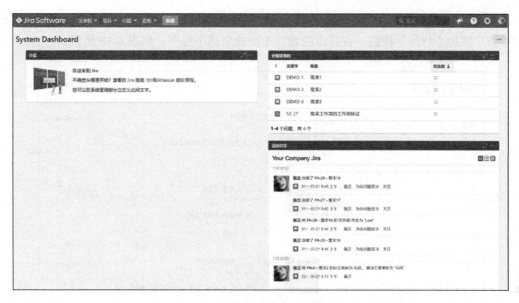

图 4-16　系统仪表板页面

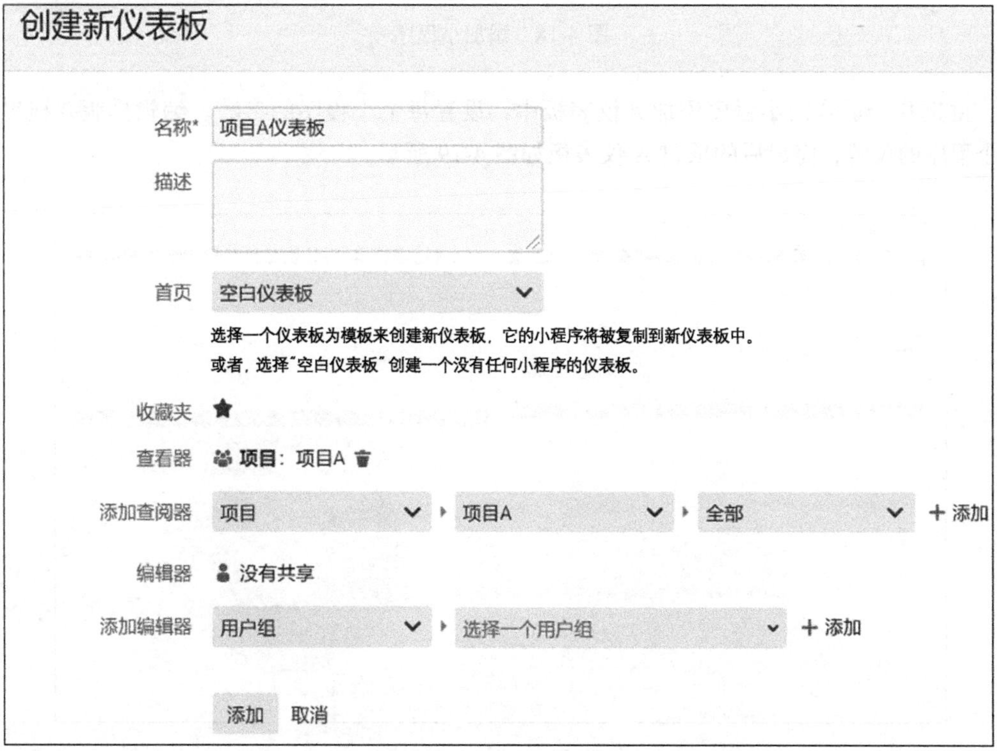

创建新仪表板
名称*
项目A仪表板
描述
首页
空白仪表板
选择一个仪表板为模板来创建新仪表板，它的小程序将被复制到新仪表板中。
或者，选择"空白仪表板"创建一个没有任何小程序的仪表板。
收藏夹
查看器
项目：项目A
添加查阅器
项目
项目A
全部
+ 添加
编辑器
没有共享
添加编辑器
用户组
选择一个用户组
+ 添加
添加
取消

图 4-17　创建新仪表板

创建成功后，在管理仪表板页面单击新建仪表板的名称，打开仪表板。然后在仪表板上单击"添加小程序"按钮，在弹出的窗口中加载全部小程序，如图 4-18 所示。

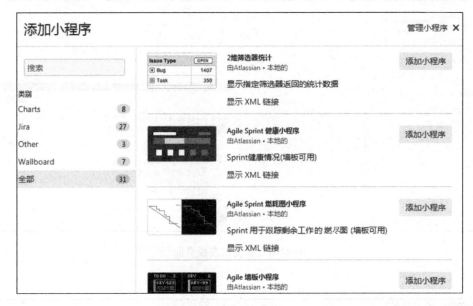

图 4-18　添加小程序

挑选几个适合的小程序添加到仪表板中，设置每个小程序的参数。编辑排版并拖曳每个小程序的位置，完成后的项目 A 仪表板如图 4-19 所示。

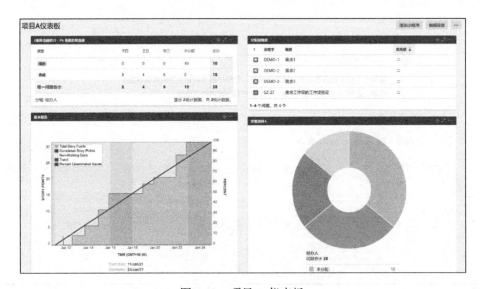

图 4-19　项目 A 仪表板

创建完项目 A 的仪表板后，通知项目组成员仪表板的名称，让他们在各自的仪表板中根据名称进行搜索，收藏这个仪表板，如图 4-20 所示。

图 4-20　搜索并收藏仪表板

收藏仪表板后，可以在顶部导航栏的仪表板菜单中看到新的"项目 A 仪表板"，选择这个仪表板，用户登录后会默认显示它，如图 4-21 所示。所有收藏的仪表板都将出现在仪表板菜单中，可以单击其他的仪表板进行切换。

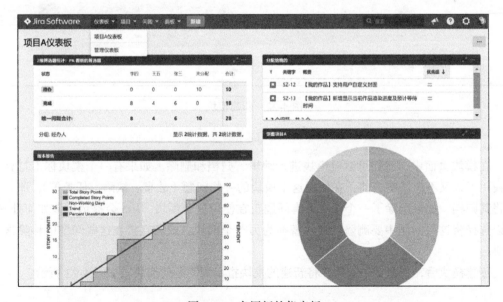

图 4-21　启用新的仪表板

4.6 项目模块

　　Jira 支持在一个项目中创建多个模块，通过将项目划分成更小的单元，把问题按照模块进行归类，让使用者能更好地关注自己负责的部分。对于软件项目来说，可以按照软件的模块进行划分，例如分为前端模块、后端模块、手机端模块等。可以为每个模块设置模块负责人，任何新建的问题都可以根据其所属模块默认分配给对应的模块负责人，然后由模块负责人进行分发。一个问题允许属于多个模块。

　　下面我们创建一个模块，并将新建的问题分配给这个模块。在项目左侧导航栏中单击"模块"选项卡打开模块管理页面，填写模块名称、主管、默认经办人（模块负责人）后，单击"添加"按钮创建模块，如图 4-22 所示。

图 4-22　新建模块

　　在模块页面中，我们可以对模块进行编辑、归档和删除。如果有一个模块你不打算继续使用了，又不想影响当前正在使用这个模块的一些问题（故事、缺陷、任务等），那么可以将其归档。如果删除了一个模块且有问题正在使用这个模块，Jira 会提示你该如何处理：可以选择将这些问题中要删除的模块替换为另一个模块，或者直接在这些问题中移除这个模块。

　　创建模块后，新建一个问题并将新建的模块指定为问题的模块，如图 4-23 所示。

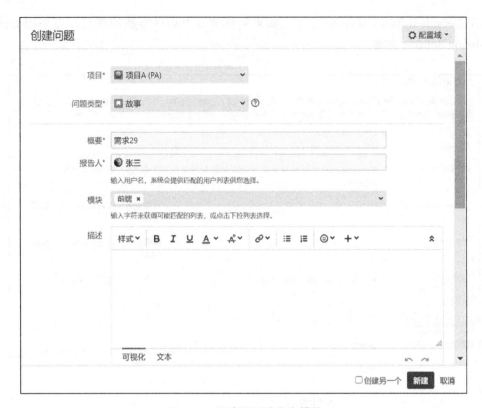

图 4-23　新建问题并指定模块

4.7　权限管理

创建项目后，为项目增加项目组成员。在 Jira 的日常使用中，我们需要针对项目组成员的角色和工作建立一个权限方案，以控制工作流程并防止随意操作。

Jira 默认只创建一个项目管理员角色（Administrators），我们需要根据实际需要创建新的角色，如产品负责人、敏捷教练、研发人员等。

首先用 Jira 管理员账号登录，单击顶部导航栏右侧的设置图标，在弹出的菜单中单击"系统"选项。然后在打开的管理页面中单击项目角色，打开项目角色浏览页面。在这个页面中我们创建需要的角色，如图 4-24 所示。

创建角色之后，还需要把这些角色和具体的权限关联起来才能生效。在管理页面，先从系统页切换到问题页，然后在问题页左侧菜单中单击"权限方案"选项，进入权限方案页面，如图 4-25 所示。在权限方案中有 2 个默认的方案：Default Permission Scheme 方案，即系统默认的方案（如果新项目没有匹配到其他方案，将采用此方案）；Default software scheme 方案，即项目类型为 Software 的默认方案。如果创建 Software 类型的项目，将优先采用 Default software scheme 方案，如果创建非 Software 类型的项目，将采用 Default Permission Scheme 方案。

图 4-24　创建项目角色

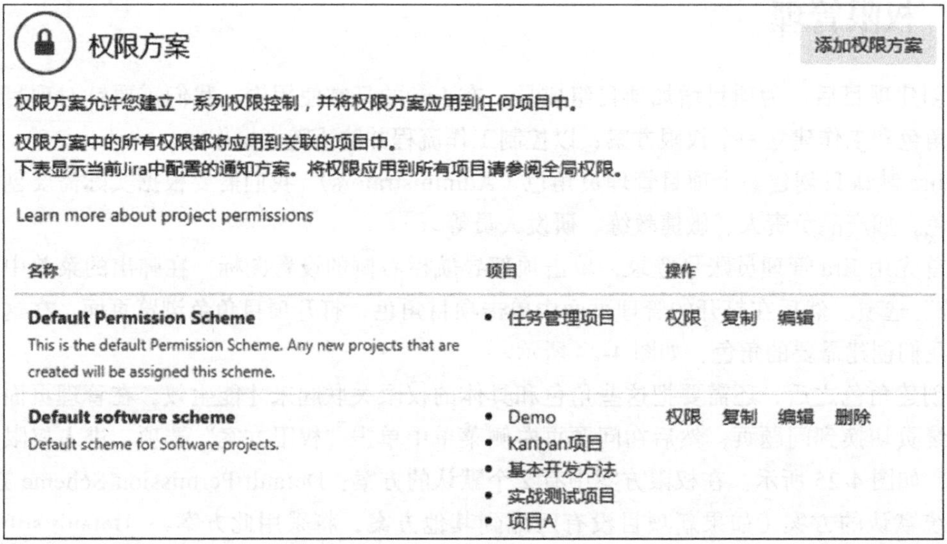

图 4-25　权限方案页面

以我们创建的项目 A 为例，这个项目采用的是 Default software scheme 方案，我们把刚才新建的角色加入此方案。单击方案名称后面的"权限"选项，打开权限方案的设置页面，如图 4-26 所示。

图 4-26　修改权限方案

以编辑冲刺为例，修改冲刺名称和目标的权限应该只有 Administrators（管理员）和 Scrum Master 拥有。单击权限后面的"编辑"按钮，弹出"授予权限"窗口，分两次分别添加 Administrators 和 Scrum Master，如图 4-27 所示。

添加完成后，我们会发现这个权限授予了 Scrum Master、Administrators 和任何登录的用户。我们需要移除"任何登录的用户"这一项，不允许一般用户随意修改。单击权限后面的"移除"按钮，在"移除权限"窗口中将这一选项移除，如图 4-28 所示。

增加项目角色并应用到权限方案后，就可以在项目中使用新角色了。进入一个项目中，单击导航栏中的"项目设置"选项卡，打开项目设置页面。在左侧菜单中找到"用户和角色"选项卡，单击后打开用户和角色页面，可以看到新角色已经生效，如图 4-29 所示。

图 4-27　"授予权限"窗口

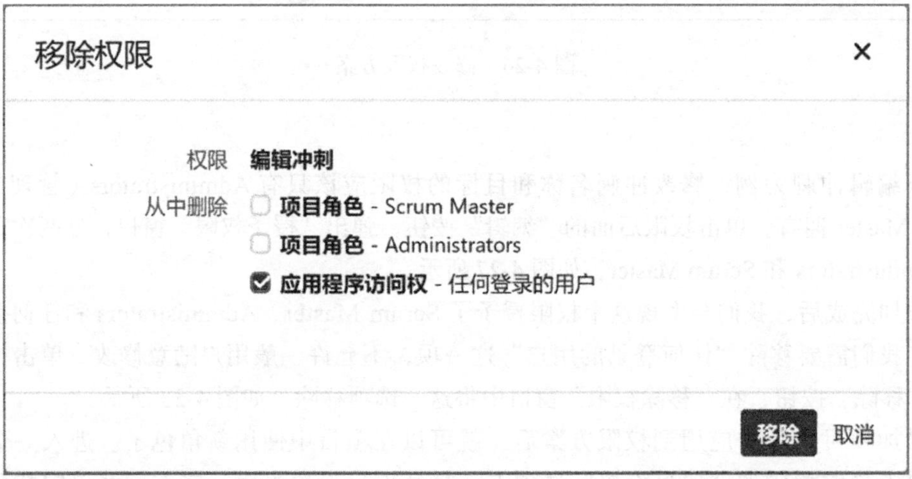

图 4-28　移除权限

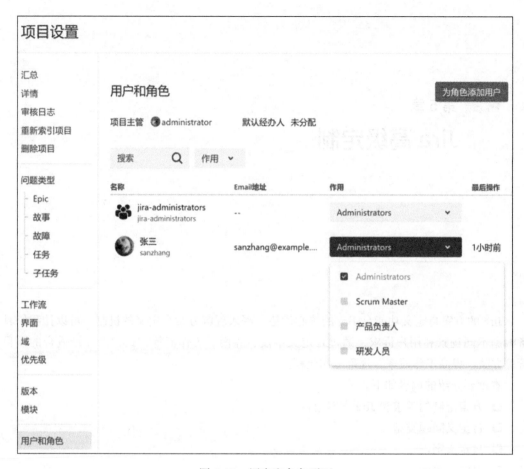

图 4-29 用户和角色页面

4.8 本章小结

在本章中我们熟悉了 Jira 的一些常用的高级功能，掌握这些功能可以帮助我们显著提高项目管理的工作效率。定义筛选器可以快速查找和过滤数据，使用面板可以让团队实时掌握项目的进展，报表和自定义仪表板用于全面展示和分享项目的各类信息，定义项目模块将项目分解为更细的单元可以方便管理；合理设置项目权限和规范项目成员行为可以确保项目数据安全。

除了一些开箱即用的功能，Jira 还提供了强大的方案自定义功能，这也是 Jira 的核心优势。第 5 章将介绍如何根据不同的场景打造最适合的方案。

Jira 高级定制

Jira 的方案自定义功能是 Jira 的核心优势，深入理解方案自定义的机制，可以让我们具备根据不同场景和用户诉求，通过自定义字段、界面、工作流等方式，设计最适合的项目管理方案，提高工作效率，规范工作流程。

本章要介绍的内容如下。

❑ 方案定制的需求和 Jira 方案组件。

❑ 自定义问题类型。

❑ 自定义字段。

❑ 自定义界面。

❑ 自定义工作流。

5.1 方案定制的需求和 Jira 方案组件

搭建好 Jira 系统平台，并在团队中使用 Jira 一段时间后，由于采用的是 Jira 系统默认的方案，因此和团队当前的项目管理流程、使用习惯等可能不太契合。我们可以对 Jira 系统进行一系列定制，使其适应实际场景，便于我们更高效地利用系统管理项目中的各项事务。

5.1.1 需求背景

在 Jira 的推广过程中，用户的改进建议通常包含以下几个方面。

❑ 现有问题的类型不能满足需求，需要增加问题类型。例如，有的 Jira 项目不但会管理研发过程，还涉及项目运营方面的故障处理、客户反馈等。

❑ 希望在现有的问题中增加字段，以记录更多信息，方便进行统计分析。例如，希望在缺陷问题类型中增加原因分类、缺陷等级等信息。

❑ 问题的处理工作流过于简单，需要把现有的线下流程复制到 Jira 系统中。例如，增加缺陷问题类型的状态，涵盖缺陷修复的全过程（待修复、待验证、已修复、关闭），并且缺陷的状态不能随意变换，要符合一定的规则。

5.1.2　Jira 方案组件

根据需求制订 Jira 方案，需要了解 Jira 中自定义方案的几个重要组件。通过定制这些组件，可以把它们组合成一个满足需求的方案。下面我们来了解这几个组件，如表 5-1 和图 5-1 所示。

表 5-1　Jira 自定义方案的重要组件

分类	名称	描述
问题类型	问题类型 （Issue Type）	问题的类型，例如故事、任务、故障等
	问题类型方案 （Issue Type Scheme）	选择一个或者多个问题类型组合成一个方案，提供给项目采用。例如一个研发项目只需要用到故事、任务、故障 3 个问题类型，不希望显示其他问题类型
自定义字段	字段 （Custom Field）	如果系统提供的字段不能满足需要，用户可以自定义字段。可以定义字段的名称、字段类型（文本、日期、单选框、下拉框等）、字段的使用范围（哪些项目、哪些页面）、默认值等
	字段配置 （Field Configuration）	自定义字段显示方式的配置，在此配置中，可以修改所有字段的显示方式，例如是否隐藏、是否必填、描述文字等。对于"标签"字段，有的项目要求"故事"必须填写标签，方便进行需求归类，有的项目不做要求，可以是选填。那么，可以创建两个不同的字段配置，对标签字段的必填项分别进行设置，供不同的项目类型采用
	字段配置方案 （Field Configuration Scheme）	定义一个字段配置方案，把字段配置和问题类型组合在一起，供项目采用。接着"字段配置"中的例子，现在已有两套字段配置——标签必填配置、标签非必填配置。接下来要创建两个"字段配置方案"。在一个方案中，选择使用"标签必填配置"，和"故事"问题类型进行关联，其他的问题类型采用系统默认字段配置。另一个方案选择使用"标签非必填配置"，也和"故事"问题类型关联。项目可以根据需要采用适合的字段配置方案
界面	界面 （Screen）	用于布置字段在页面中的显示。例如选择要显示哪些字段、字段的位置和顺序。如果字段太多，也可以使用 tab 页把字段分组显示
	界面方案 （Screen Scheme）	把"界面"和问题"操作"关联起来的方案。操作包括创建、编辑和查看。例如"故障"问题的创建页面不显示"已归档"字段，只在编辑和查看页面中显示。在创建的时候，通常尚未归档，这样可以减少创建页面不必要的字段，提升创建的效率
	问题类型界面方案 （Issue Type Screen Scheme）	把"界面方案"和"问题类型"关联起来的方案。例如在一个项目中，故事和故障两个问题类型的界面需要显示不同的字段。故事中需要显示"价值量化"，故障中需要显示"原因分类"。我们需要分别为故事和故障创建不同的界面，然后创建两个界面方案关联界面和操作，最后使用两个问题类型界面方案把两个问题类型和两个界面方案关联上

（续）

分类	名称	描述
工作流	工作流 （Workflow）	定义问题在其生命周期中所经历的步骤（状态）和步骤之间的转换。 　　例如一个"故障"问题保护多个状态："待修复""待验证""已验证""关闭"。一个故障修复完成后，问题状态可以从待修复转换为待验证。如果这个故障经过讨论后不是问题，则无须修复，可以转换为关闭。不允许问题从待修复直接转换为已验证
	工作流方案 （Workflow Scheme）	工作流方案中定义的问题类型和工作流关联。例如在一个项目中，故障问题类型和任务问题类型的工作流不一样，需要分别定义。故障中的状态包含待修复、待验证、已验证、关闭。任务中的状态包含待办、处理中、完成。分别定义两个工作流，然后定义一个工作流方案，把两个工作流分别分配给两个问题类型

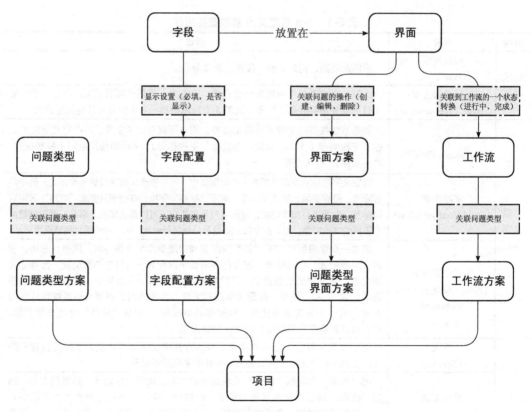

图 5-1　Jira 自定义方案重要组件之间的关系

　　了解 Jira 自定义方案中重要组件的功能和关系后，接下来我们逐一介绍这些组件的具体操作。

5.2　自定义问题类型

自定义问题类型包括问题类型和问题类型方案。下面介绍如何在 Jira 中实现自定义问题类型。

某个项目需要记录用户的反馈，定期和用户同步处理结果。我们可以创建一个"用户反馈"的问题类型，将其加到一个新的问题类型方案中。我们以此为例，介绍具体的设置操作。

5.2.1　问题类型

用管理员账号登录 Jira 后，单击顶部导航栏 Jira 管理菜单中的"问题"（见图 5-2）进入问题管理页面。

图 5-2　问题管理菜单

在问题管理页面的左侧导航栏中，单击"问题类型"进入问题类型页面，如图 5-3 所示。

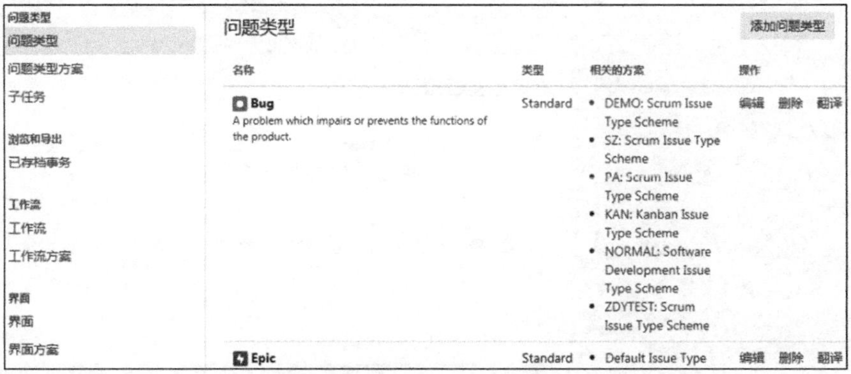

图 5-3　问题类型页面

问题类型页面中显示了当前所有的问题类型。单击右上角"添加问题类型"按钮，新增一个"用户反馈"问题类型，在弹出的对话框中输入名称、描述和类型，如图 5-4 所示。

类型分为两种，标准问题类型是可以独立创建和使用的，而子任务问题类型的问题依附于一个标准问题类型的问题下的子问题，属于包含关系，不可以独立创建和使用。我们创建的"用户反馈"问题类型采用标准问题类型，需要独立创建。

图 5-4　添加问题类型

在问题类型页面中可以看到新创建的问题类型，还可以对其进行编辑、删除和翻译。单击"编辑"按钮，打开编辑页面，如图 5-5 所示。除了可以修改名称和描述外，还可以选择一个问题类型的图标。此图标方便我们在以后的问题管理工作中快速识别，建议给常用的问题类型设置不同的图标。

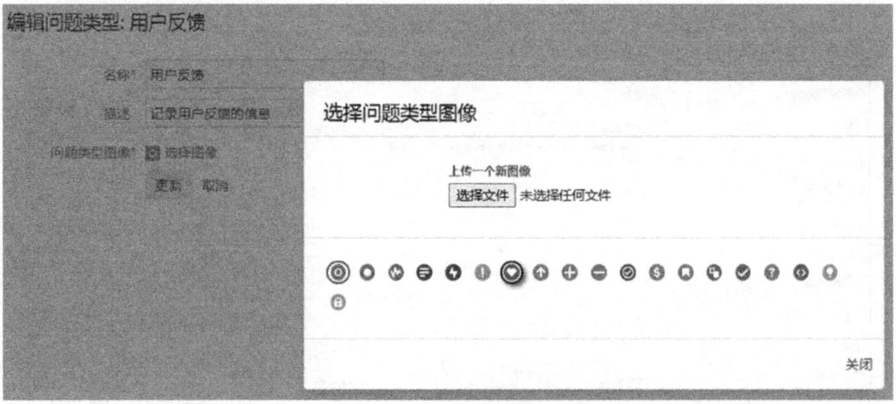

图 5-5　编辑问题类型

单击"翻译"按钮，打开问题类型的翻译页面，如图 5-6 所示。可以对所有的问题类型自定义翻译的名称和描述。例如，Bug 问题类型系统默认的中文翻译是"故障"，你也可以根据团队使用习惯修改为其他值，比如"缺陷"。

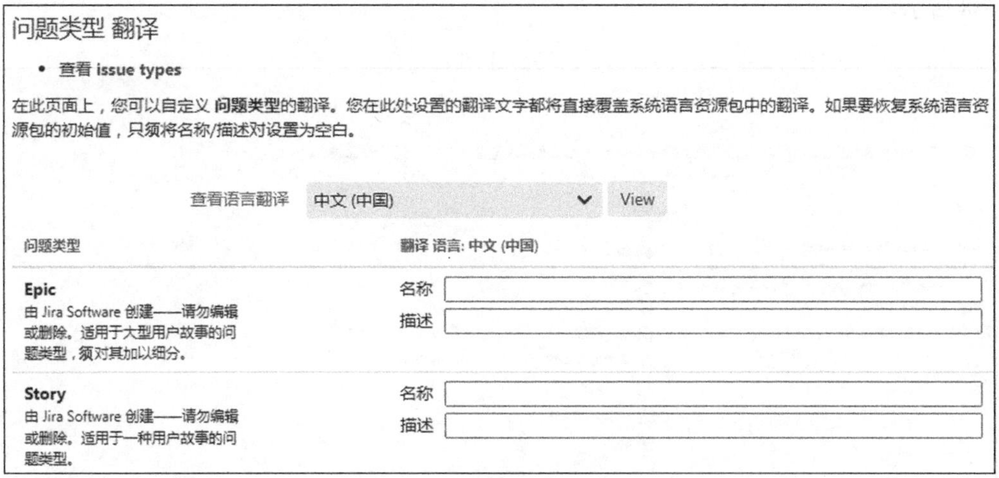

图 5-6 编辑问题类型的翻译

单击"删除"按钮，打开问题类型的删除页面，如图 5-7 所示。系统会检测要删除的问题类型是否正在使用，如果没有被使用，系统会给出删除按钮，单击即可。如果正在使用中，系统将不允许删除该问题类型。

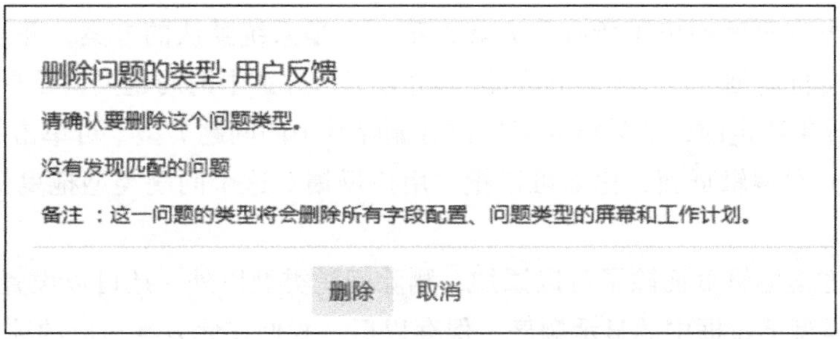

图 5-7 删除问题类型

> **注意** 不建议删除正在使用的问题类型，如果不想继续使用对应的问题类型，可以在新项目中不选用此问题类型，已有项目保持不变。如果确实需要删除，请把现有的问题转为别的问题类型，并且把所有用到此问题类型的设置项统统删除，包括问题类型方案、字段配置方案、问题类型界面方案、工作流方案等。

5.2.2 问题类型方案

在问题管理页面的左侧导航栏中，单击"问题类型方案"，进入问题类型方案页面，如图 5-8 所示。

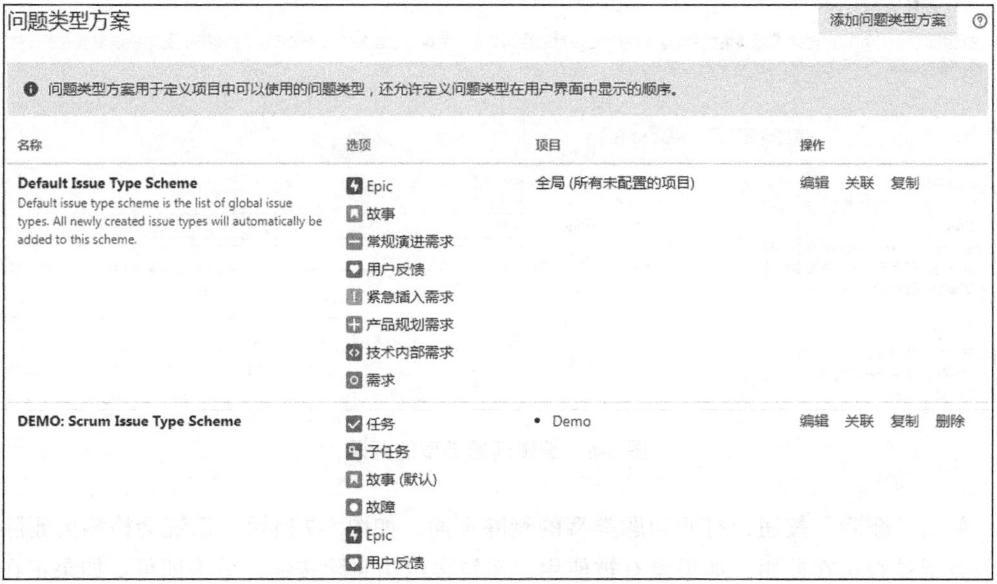

图 5-8 问题类型方案页面

问题类型方案页面列出了所有的方案，第一个是系统默认的方案，并且不允许删除。新建的项目都会自动创建一个自己的问题类型方案，方案中的问题类型是根据新建项目所采用的项目向导来决定的，如果想要新增或者删除其中的问题类型，可单击"编辑"按钮，打开问题类型方案编辑页面，比如可以把"用户反馈"这个问题类型拖曳到当前方案中，如图 5-9 所示。

问题类型方案编辑页面除了可以添加、删除问题类型以外，还可以设置默认的问题类型，调整问题类型下拉框中的显示顺序。保存以后，我们在此方案对应的项目（Demo）中创建问题时，就可以看到"用户反馈"问题类型了，如图 5-10 所示。

在问题类型方案页面中，可以看到每个方案的项目一列中显示了此方案被哪些项目采用。单击方案的"关联"按钮，打开问题类型方案关联页面，可以修改方案和项目的关联，如图 5-11 所示。在关联页面中可以关联现有的任何项目，按住 Ctrl 键可以多选。

在问题类型方案页面中，还可以复制和删除某个方案。删除一个正在被项目使用的方案后，受影响的项目将会恢复使用系统默认的问题类型方案，如图 5-12 所示。

图 5-9　问题类型方案编辑页面

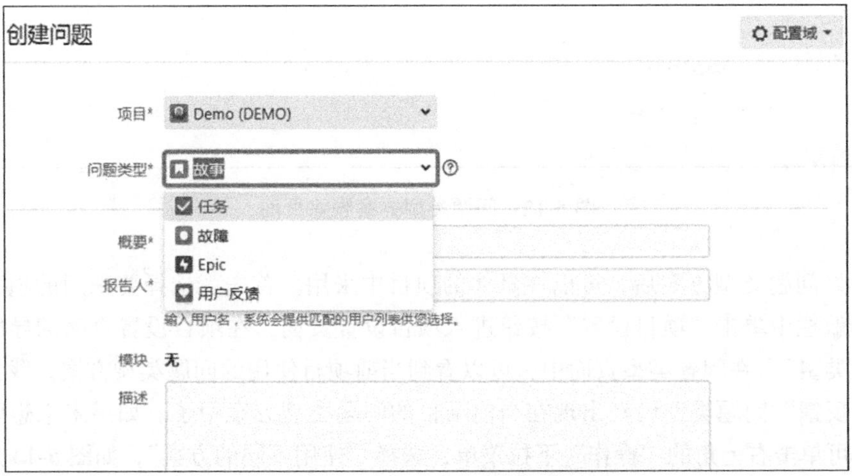

图 5-10　问题类型方案修改后生效

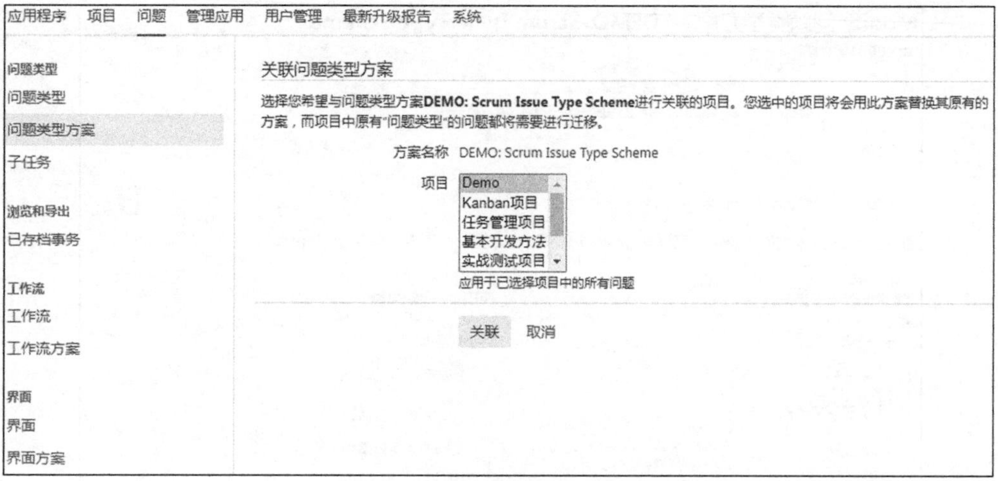

应用程序　项目　问题　管理应用　用户管理　最新升级报告　系统

问题类型

问题类型

问题类型方案

子任务

浏览和导出

已存档事务

工作流

工作流

工作流方案

界面

界面

界面方案

关联问题类型方案

选择您希望与问题类型方案**DEMO: Scrum Issue Type Scheme**进行关联的项目。您选中的项目将会用此方案替换其原有的方案，而项目中原有"问题类型"的问题都将需要进行迁移。

方案名称　DEMO: Scrum Issue Type Scheme

项目　Demo
Kanban项目
任务管理项目
基本开发方法
实战测试项目

应用于已选择项目中的所有问题

关联　取消

图 5-11　问题类型方案关联页面

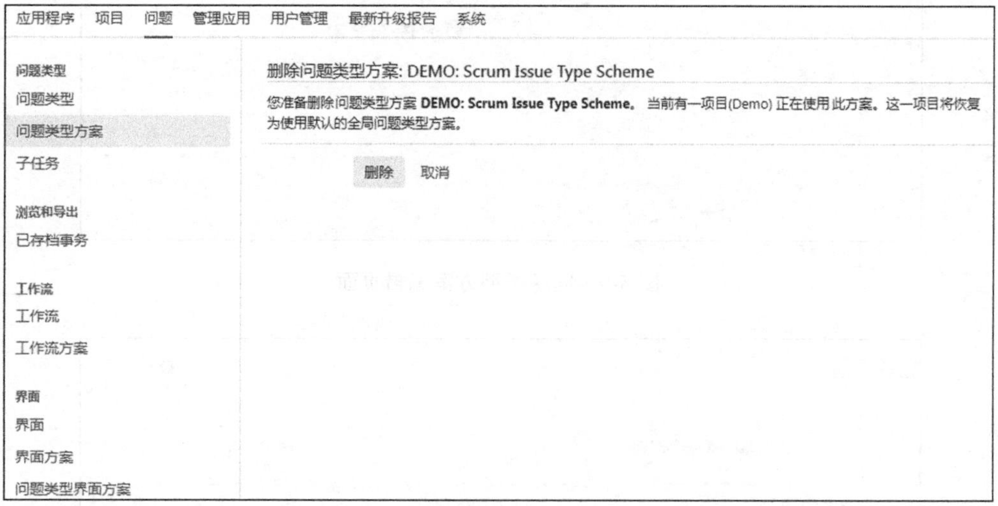

应用程序　项目　问题　管理应用　用户管理　最新升级报告　系统

问题类型

问题类型

问题类型方案

子任务

浏览和导出

已存档事务

工作流

工作流

工作流方案

界面

界面

界面方案

问题类型界面方案

删除问题类型方案: DEMO: Scrum Issue Type Scheme

您准备删除问题类型方案 **DEMO: Scrum Issue Type Scheme。**当前有一项目(Demo)正在使用此方案。这一项目将恢复为使用默认的全局问题类型方案。

删除　取消

图 5-12　问题类型方案删除页面

　　创建好问题类型方案后，可以在具体的项目中采用。首先，选择要采用的项目，然后在左侧导航栏中单击"项目设置"按钮进入项目设置页面，在项目设置页面的导航栏中单击"问题类型"。在问题类型页面中，可以看到当前项目使用的问题类型方案，我们可以看到"用户反馈"问题类型已经出现在当前项目的问题类型方案中了。如果未来想要采用别的方案，可单击右上角的"操作"下拉菜单，选择"使用不同的方案"，如图 5-13 所示。

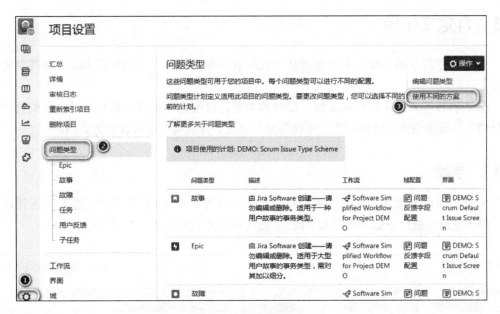

图 5-13　项目设置页面

在选择问题方案页面中，可以看到所有问题类型方案，选择一个方案给当前项目使用，如图 5-14 所示。

图 5-14　修改项目问题类型方案页面

5.3 自定义字段

自定义字段包括字段、字段配置和字段配置方案。下面介绍如何在 Jira 中实现自定义字段。

某个项目需要记录用户的反馈、反馈的类型，以便定期进行分析和改进。我们在“用户反馈”问题类型中，增加一个“反馈类型”字段，并且将此字段设置为必填。

5.3.1 字段

用管理员账号登录 Jira 后，单击右上角 Jira 管理菜单中的“问题”，进入问题管理页面，单击左侧导航栏中的“自定义字段”，进入自定义字段页面，如图 5-15 所示。

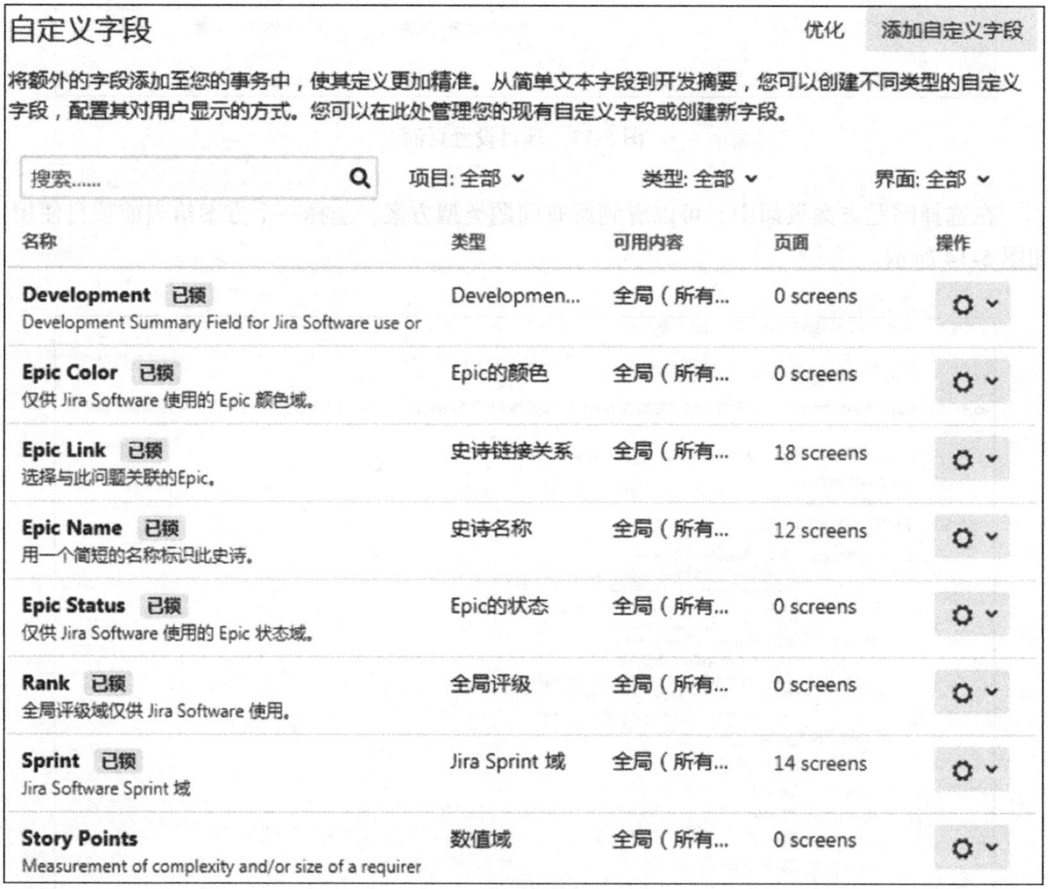
自定义字段
优化
添加自定义字段
将额外的字段添加至您的事务中，使其定义更加精准。从简单文本字段到开发摘要，您可以创建不同类型的自定义字段，配置其对用户显示的方式。您可以在此处管理您的现有自定义字段或创建新字段。
搜索......
项目: 全部
类型: 全部
界面: 全部
名称
类型
可用内容
页面
操作
Development 已锁
Development Summary Field for Jira Software use or
Developmen...
全局（所有...
0 screens
Epic Color 已锁
仅供 Jira Software 使用的 Epic 颜色域。
Epic的颜色
全局（所有...
0 screens
Epic Link 已锁
选择与此问题关联的Epic。
史诗链接关系
全局（所有...
18 screens
Epic Name 已锁
用一个简短的名称标识此史诗。
史诗名称
全局（所有...
12 screens
Epic Status 已锁
仅供 Jira Software 使用的 Epic 状态域。
Epic的状态
全局（所有...
0 screens
Rank 已锁
全局评级域仅供 Jira Software 使用。
全局评级
全局（所有...
0 screens
Sprint 已锁
Jira Software Sprint 域
Jira Sprint 域
全局（所有...
14 screens
Story Points
Measurement of complexity and/or size of a requirer
数值域
全局（所有...
0 screens

图 5-15 自定义字段页面

　　在自定义字段页面中，可以看到自定义字段的名称、类型、可用内容（使用范围）以及被哪些页面使用。不能对系统自带的自定义字段进行设置和编辑。创建一个"反馈类型"字段，单击页面右上角的"添加自定义字段"按钮，弹出新建自定义字段页面，如图 5-16 所示。

注意　由于 Jira 中文翻译的原因，有些名称在不同的页面中用词不统一，例如"字段"也会翻译成"域"，"界面"也会翻译成"页面""屏幕"。

图 5-16　新建自定义字段

　　在新建自定义字段页面中，首先选择字段类型。Jira 提供了丰富的字段类型，包括文本、日期、列表等。我们采用"选择列表（单选）"作为"反馈类型"字段的类型，单击"下一步"，系统显示字段配置页面，如图 5-17 所示。

　　在字段配置页面中，填写名称和描述，然后逐个添加自定义的选项内容，最后单击"新建"进入下一步，把字段和界面进行关联，如图 5-18 所示。

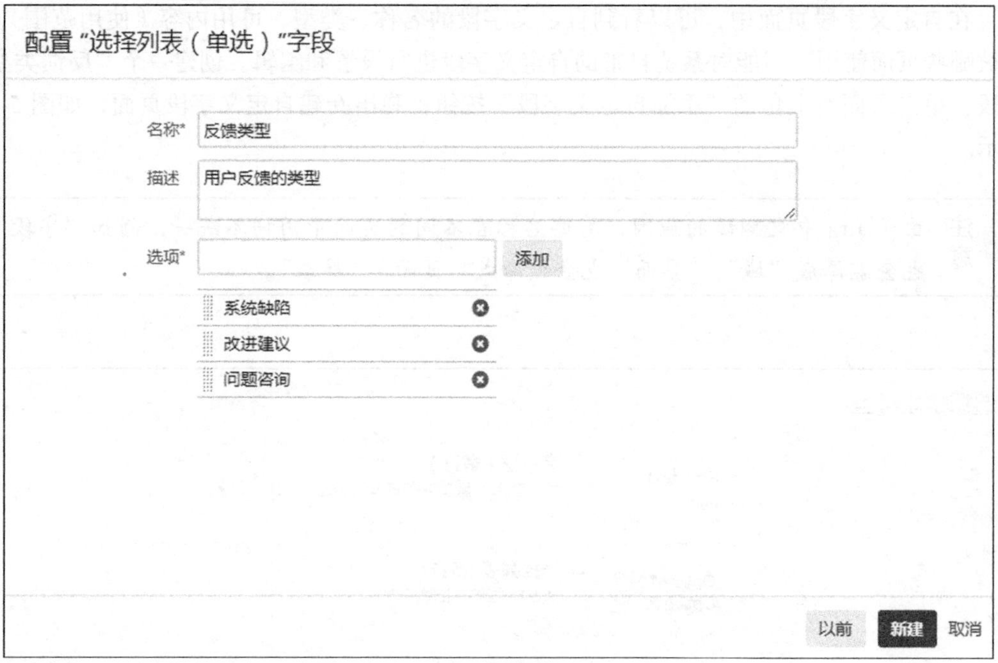

配置 "选择列表（单选）"字段

名称*	反馈类型
描述	用户反馈的类型
选项*	[ ] 添加

⸬ 系统缺陷 ✕
⸬ 改进建议 ✕
⸬ 问题咨询 ✕

以前 新建 取消

图 5-17 字段配置页面

将字段 反馈类型 关联到界面

将字段 反馈类型 关联到相应的界面。您必须先将字段与界面相关联，它才能在界面中显示。新字段将被添加到界面的末尾。

界面	选项	选择
DEMO: Scrum Bug Screen	Field Tab	☑
DEMO: Scrum Default Issue Screen	Field Tab	☑
Default Screen	Field Tab	☐
KAN: Kanban Bug Screen	Field Tab	☐
KAN: Kanban Default Issue Screen	Field Tab	☐
NORMAL: Software Development Bug Screen	Field Tab	☐
NORMAL: Software Development Default Issue Screen	Field Tab	☐
PA: Scrum Bug Screen	Field Tab	☐
PA: Scrum Default Issue Screen	Field Tab	☐

图 5-18 字段和界面关联配置

　　只有把字段和界面关联以后，字段才会在界面中显示。我们把"反馈类型"字段加入 Demo 项目的两个界面（项目的界面名称前缀为项目 Key），然后单击"更新"按钮进行保存。这样在 Demo 项目的问题页面中就可以看到"反馈类型"字段。如果在创建完自定义字段后想修改界面关联，也可以在自定义字段列表中单击"页面"进行修改。完成字段创建后，系统会自动跳回到字段列表页面，如图 5-19 所示。

自定义字段				优化　添加自定义字段
将额外的字段添加至您的问题中，使其定义更加精准。从简单文本字段到开发摘要，您可以创建不同类型的自定义字段，配置其对用户显示的方式。您可以在此处管理您的现有自定义字段或创建新字段。				
反馈类型 🔍　项目: 全部 ∨	类型: 全部 ∨	界面: 全部 ∨		
名称	类型	可用内容	界面	操作
反馈类型 用户反馈的类型	选择列表（单选）	全局（所有项目）	2	⚙ ∨
				配置
				编辑
				翻译
				页面
				删除

图 5-19　查看新创建的自定义字段

　　在自定义字段页面中搜索刚才创建的字段，可以看到新字段的名称、类型、可用内容（使用范围）、页面（界面），以及支持的多种操作。其中最重要的操作是"配置"，其他操作一般不需要修改。配置操作可以修改字段的使用范围。单击"配置"，打开自定义字段配置页面，如图 5-20 所示。

注意　Jira 默认自定义字段的使用范围是全局（所有项目），这样会造成任何项目中的任何问题记录都包含这个自定义字段，导致我们查看、导出问题记录数据时，或者用 API 查询时，每个问题记录都包含该字段。因为我们只在关联过的界面中使用这个字段，所以其他项目的问题记录中，这个字段值为空。随着不断增加新的自定义字段，问题记录中的字段将越来越多，造成不必要的系统开销和使用干扰。如果新增字段只在某些项目中使用，建议修改字段的使用范围为特定的项目。

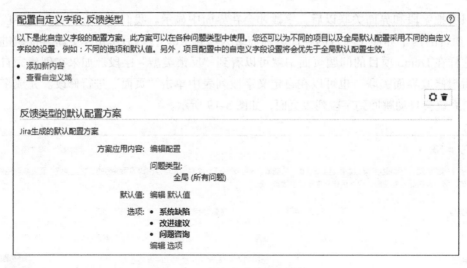

图 5-20　自定义字段配置页面

在自定义字段配置页面中，可以编辑默认值，选择框中的选项，单击"方案应用内容"右边的"编辑配置"，打开修改配置方案内容页面，修改字段的使用范围，如图 5-21 所示。

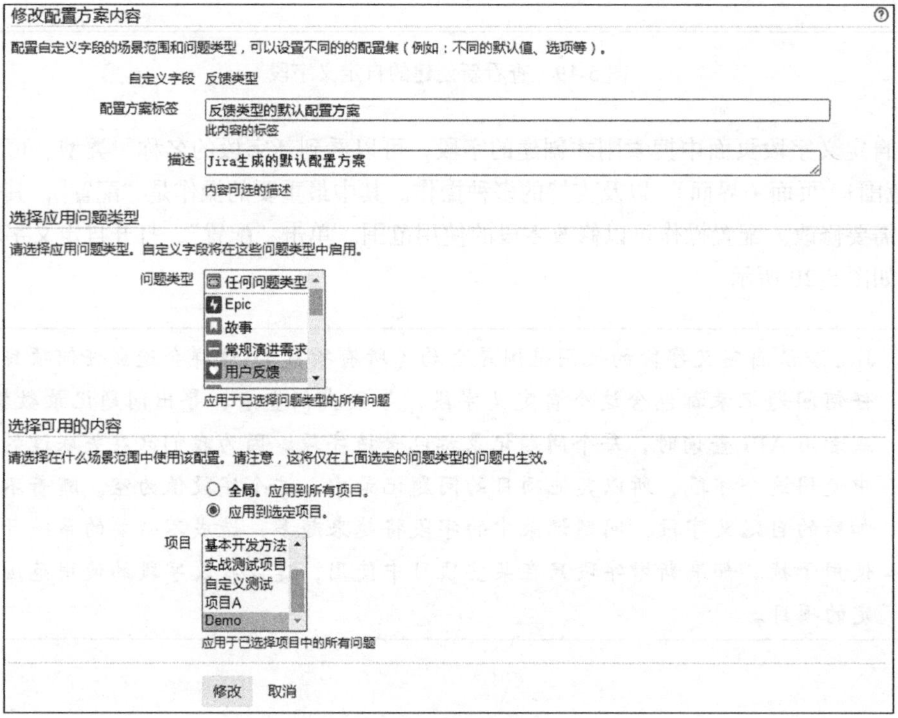

图 5-21　修改配置方案内容页面

在修改配置方案内容页面中，一般不修改"配置方案标签"和"描述"。"选择应用问题类型"可以修改为此字段适用的问题类型，这里修改为"用户反馈"问题类型，因为其他的问题类型无须使用这个字段。如果自定义的字段是多种问题类型通用的，可以选择任何问题类型。"选择可用的内容"（使用范围）可以修改为具体的项目，这里选择应用到选定项目 Demo，不选择全局，是为了避免其他项目中的问题查询和导出数据中包含这个不需要的字段。修改后的字段配置如图 5-22 所示。

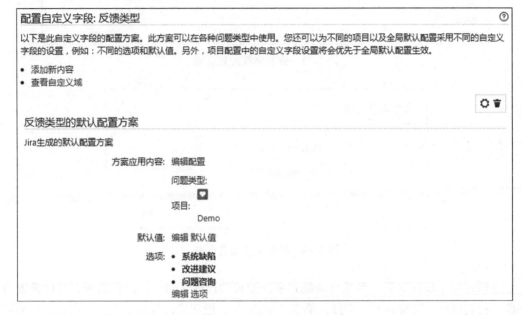

图 5-22　修改后的字段配置

5.3.2　字段配置

字段配置可以控制字段显示方式，可以修改所有字段的显示方式，例如是否隐藏、是否必填、描述文字等。我们需要把"反馈类型"字段设置为必填。在问题管理页面中，单击左侧导航栏中的"添加字段配置"，进入字段配置页面，如图 5-23 所示。

在字段配置页面中可以看到一个系统默认的字段方案。对于所有使用"反馈类型"字段的项目来说，此字段是必填的，我们可以直接在系统默认的字段方案中设置"反馈类型"字段是否必填。如果针对不同的项目有不同的设置，需要新建一个字段配置进行区分。下面我们以新建一个字段为例，介绍如何进行字段配置，系统默认的字段配置中"反馈类型"字段将继续使用默认值（非必填）。单击"添加字段配置"，在弹出的页面中填写字段配置名称和描述，然后单击"添加"，如图 5-24 所示。

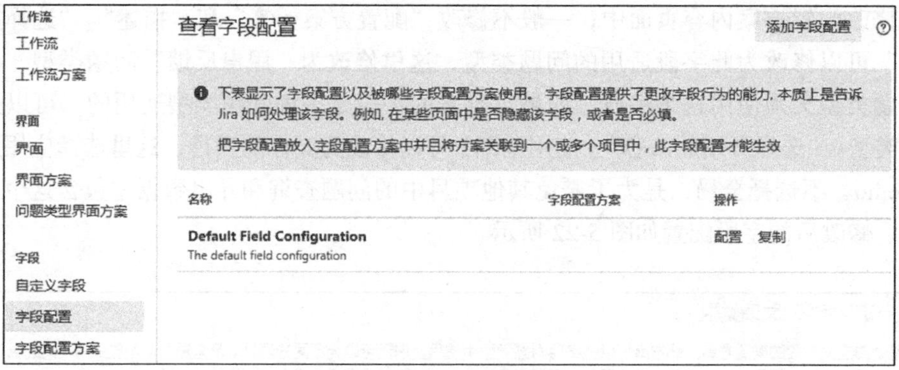

图 5-23　查看字段配置页面

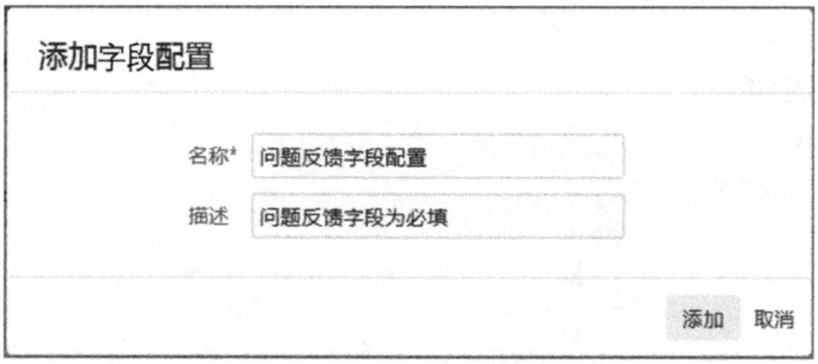

图 5-24　添加字段配置页面

在添加完字段配置后，系统自动跳到字段配置的详情页面。可以看到所有可以设置的字段，我们找到"反馈类型"字段，单击"必选项"，把字段设置为必填。单击后，此字段已经设置为必填了，如图 5-25 所示。我们还可以设置字段是否隐藏和关联到哪些界面。

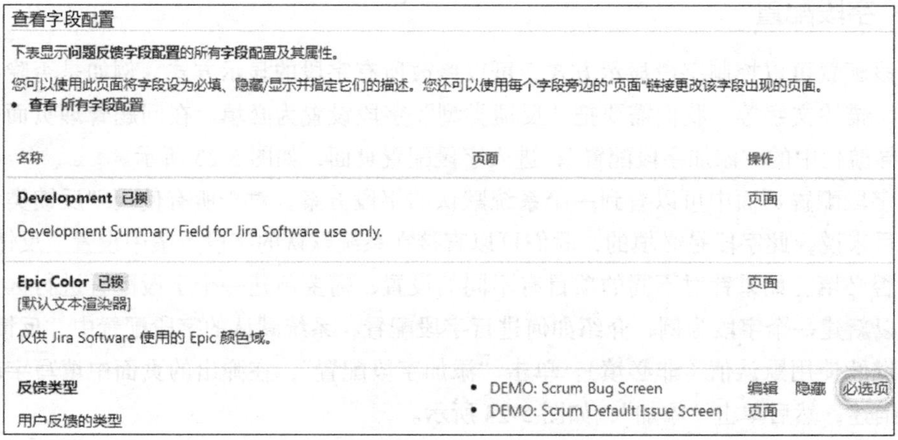

图 5-25　修改字段配置

5.3.3　字段配置方案

新建一个字段配置，并且把"反馈类型"字段配置为必填之后，还需要定义一个字段配置方案，把字段配置和问题类型组合起来，供项目采用。单击问题管理页面左侧导航栏中的"字段配置方案"，打开字段配置方案页面，如图 5-26 所示。

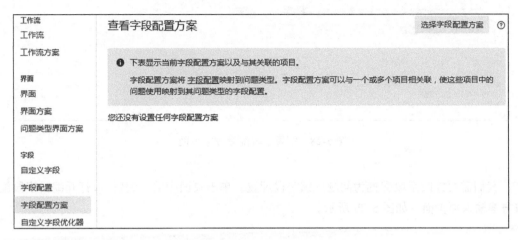

图 5-26　查看字段配置方案页面

此页面显示没有任何字段配置方案，其实系统有一个隐含的默认字段配置方案，其字段配置采用的也是系统默认字段配置（Default Field Configuration），新建的项目默认采用的是默认的字段配置方案。我们新建字段配置方案，并采用刚刚新建的字段配置。单击页面右上角的"选择字段配置方案"，在弹出的页面中填写方案名称和描述，单击"添加"，如图 5-27 所示。

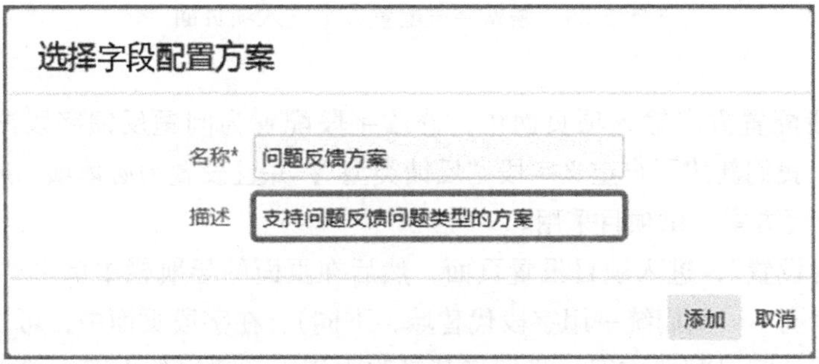

图 5-27　选择字段配置方案页面

添加完成后，系统直接跳转到刚才新建的方案的配置页面，可以看到方案默认是将系统默认字段配置（Default Field Configuration）关联到所有的问题类型，如图 5-28 所示。

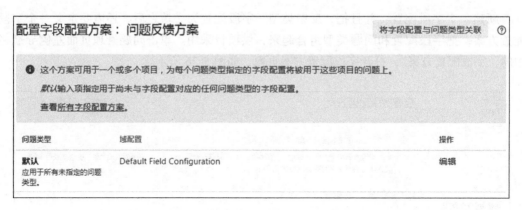

图 5-28　配置字段配置方案页面

我们需要修改字段配置为问题反馈字段配置。单击页面中的"编辑"，打开编辑字段配置方案输入项页面，如图 5-29 所示。

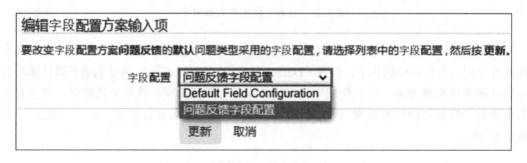

图 5-29　编辑字段配置方案输入项页面

在编辑字段配置方案输入项页面中，修改字段配置为问题反馈字段配置，然后单击"更新"。至此，我们新建了自定义字段"反馈类型"，并且设置为必填项，新建了一个和问题类型关联的配置方案，供项目采用。

单击"项目设置"，进入项目设置页面，然后在页面的导航栏中单击"域"（Jira 系统中翻译文字不太统一，我们统一用字段代替域，下同）。在字段页面中，可以看到当前项目使用的是系统默认字段配置方案。我们将其修改为使用新建好的方案。单击页面右上角的"操作"下拉菜单，选择"使用不同的方案"，如图 5-30 所示。

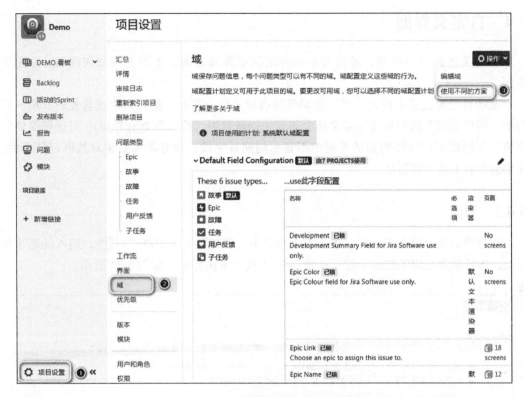

图 5-30　项目设置中的字段设置页面

在打开的字段布局配置关联页面中，修改方案为新建的字段配置方案，即问题反馈方案，如图 5-31 所示。

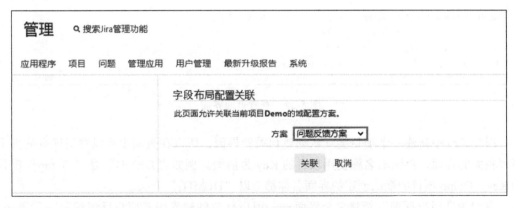

图 5-31　字段布局配置关联页面

5.4 自定义界面

自定义界面包括界面、界面方案和问题类型界面方案。下面介绍如何在 Jira 中配置界面。

某项目需要记录用户的反馈，在对反馈内容进行分析后，给出解决或答复的日期。我们给"用户反馈"的问题类型定义两个界面（创建界面、编辑和查看界面），只保留简要的字段。在创建用户反馈问题的界面中不显示到期日字段，而是等项目组对其进行分析后，在编辑界面中设置到期日。

5.4.1 界面

用管理员账号登录 Jira 后，单击右上角"Jira 管理"菜单中的"问题"，进入问题管理页面，然后单击左侧导航栏中的"界面"，进入查看页面界面，如图 5-32 所示。

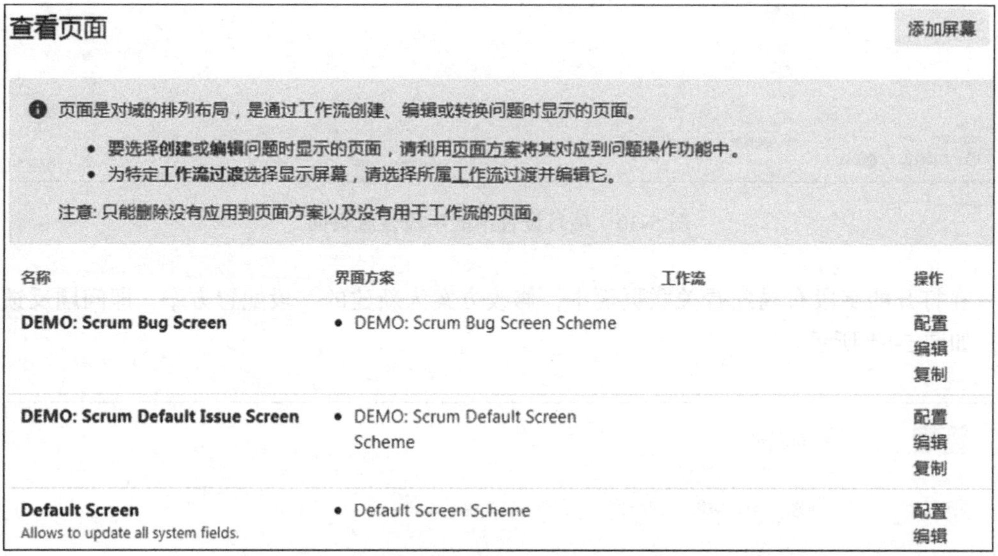

图 5-32 查看页面界面

因为 Jira 中新建一个项目会默认创建相关的界面，所以在页面中可以看到现有的很多项目相关的界面，界面的名称使用项目的 Key 为前缀。例如"DEMO"是"Demo"项目的 Key，Demo 项目的默认创建的界面名称都是以"DEMO："开头。

我们为"用户反馈"新建 2 个界面——用户反馈创建界面和用户反馈编辑查看界面。单击页面右上角的"添加屏幕"按钮，在弹出的页面中填写界面名称和描述，如图 5-33 所示。

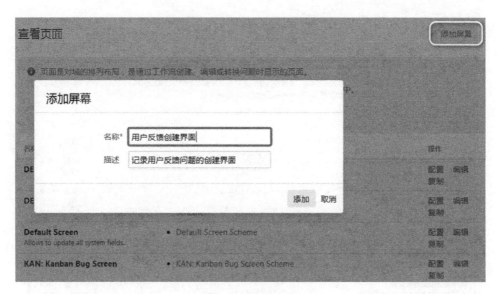

图 5-33　新建界面

单击"添加"以后，Jira 会创建界面，并且跳转到界面的配置页面。我们在界面中添加记录"用户反馈"基本信息的字段。在"用户反馈创建界面"中不添加"到期日"字段，仅在"用户反馈编辑查看界面"中添加"到期日"字段，如图 5-34 所示。

图 5-34　配置页面

在配置页面中，我们可以添加字段，拖曳字段的顺序。如果字段很多，还可以新增 tab 页，把字段分组放到不同的 tab 页，方便用户填写信息。创建后的 2 个界面如图 5-35 所示。

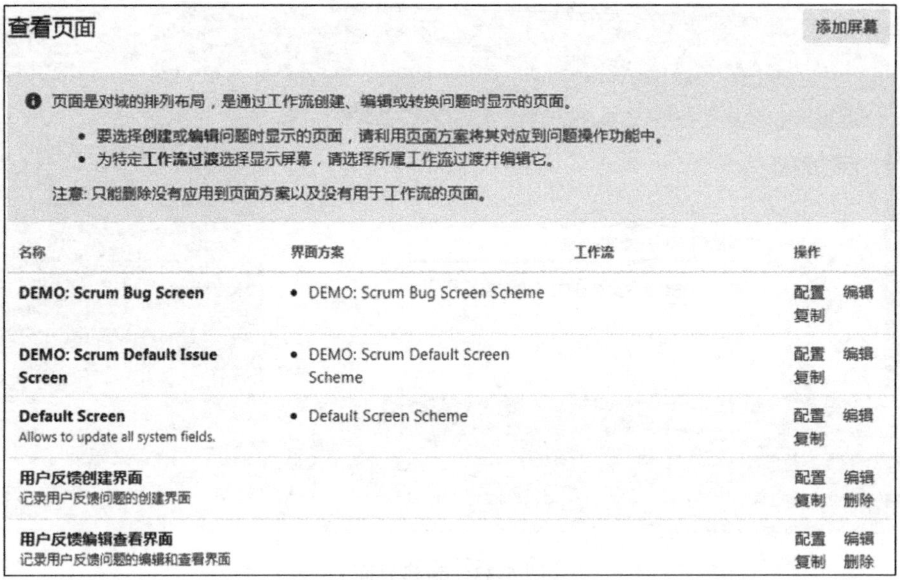

图 5-35　新建的界面

5.4.2　界面方案

把新建的 2 个界面分别和问题的操作（创建、编辑和查看）关联起来。让用户在做不同的操作时，看到不同的界面。单击左侧导航栏中的"界面方案"，打开"查看页面方案"页面，如图 5-36 所示。

图 5-36　查看页面方案

单击页面右上角的"添加屏幕方案",新建"用户反馈界面方案"。在默认页面中选择"用户反馈创建界面",如图 5-37 所示。

图 5-37　添加屏幕方案

单击"添加"按钮后,系统会自动跳转到配置页面方案页面。我们看到所有的问题操作都采用了默认的"用户反馈创建界面",如图 5-38 所示。

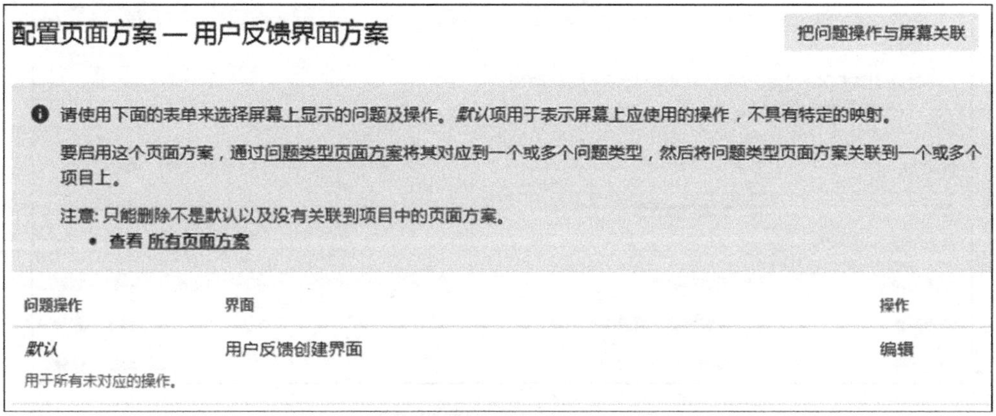

图 5-38　配置页面方案

　　修改设置，把创建操作和"用户反馈创建界面"关联起来，把编辑和查看操作和"用户反馈编辑查看界面"关联起来。单击页面右上角的"把问题操作与屏幕关联"，分别对操作和界面进行关联，如图 5-39 所示。完成操作和界面关联后，最终的界面方案如图 5-40 所示。

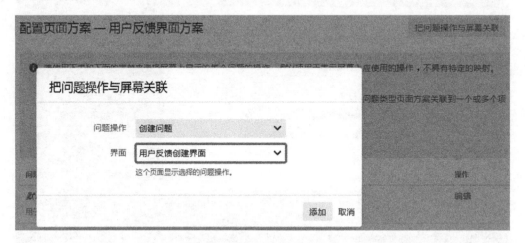

图 5-39　关联问题操作和屏幕

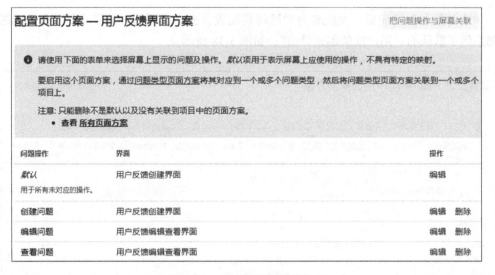

图 5-40　最终的配置界面方案

5.4.3 问题类型界面方案

创建界面方案后，在问题类型界面方案中把界面方案和问题类型进行关联，才能供项目采用。新建一个项目时，系统会自动创建一个问题类型页面方案。我们一般只需要修改项目对应的问题类型页面方案，不需要再新建一个。

单击左侧导航栏中的"问题类型页面方案"，打开问题类型页面方案页面，如图 5-41 所示。

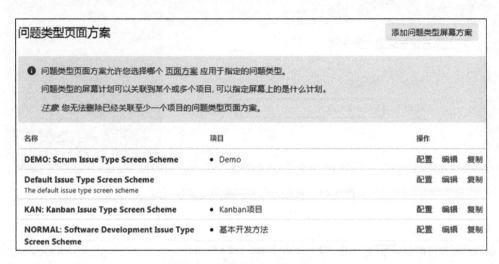

图 5-41　问题类型页面方案页面

在页面中找到 DEMO: Scrum Issue Type Screen Scheme，单击此方案后面的配置链接，进入配置页面，如图 5-42 所示。

图 5-42　配置问题类型的页面方案

我们看到默认的问题类型和故障问题类型已经配置了各自的界面方案。下面需要把"用户反馈"问题类型和"用户反馈界面方案"关联起来，让用户在操作"用户反馈"问题类型时，使用对应的界面。单击页面右上角的"将问题类型与屏幕方案关联"，在弹出的页面中进行设置，如图 5-43 所示。最终的配置问题类型的界面方案如图 5-44 所示。

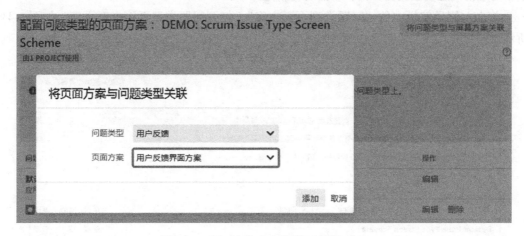

图 5-43 页面方案和问题类型关联页面

配置问题类型的页面方案： DEMO: Scrum Issue Type Screen Scheme

由1 PROJECT使用

❓

ℹ 这个方案可以被一个或多个项目使用，这些项目中的问题被应用到页面方案指定的问题类型上。

未明确对应到一个页面方案的任何问题类型将被用于默认条目指定的页面方案。

查看所有问题类型界面方案。

问题类型	页面方案	操作
默认 应用于所有未指定的问题类型。	DEMO: Scrum Default Screen Scheme	编辑
💙 用户反馈	用户反馈界面方案	编辑 删除
🟦 故障	DEMO: Scrum Bug Screen Scheme	编辑 删除

图 5-44 最终的配置问题类型的页面方案

我们到 Demo 项目中创建一个"用户反馈"问题，看到创建问题的页面中已经采用了我们配置好的字段和界面，如图 5-45 所示。

图 5-45　用户反馈问题的创建页面

5.5　自定义工作流

下面介绍如何在 Jira 中自定义工作流。

某个项目需要记录用户的反馈，依据一个标准操作流程规范对用户反馈进行处理。这个标准操作流程的规范如下。

1）运营人员收到用户的反馈后，创建一条用户反馈记录并通知项目组进行处理。

2）项目组分配一个成员为经办人，并且在记录的描述信息中添加处理方案，更新记录的状态为"处理中"。

3）反馈处理完成后，经办人更新记录的状态为"完成"。

我们先根据标准操作流程规范创建一个工作流，然后设置项目中的用户反馈问题类型。

5.5.1　工作流

用管理员账号登录 Jira 后，单击右上角的"Jira 管理菜单中的问题"，进入问题管理页面，单击左侧导航栏中的"工作流"，进入工作流管理页面，如图 5-46 所示。

工作流   添加工作流   导入 ∨

ℹ 要删除一个工作流，您必须首先把它从工作流方案和工作流方案草案中解除分配。

活跃

名称	最新修改	分配方案	步骤	操作
Requirement Workflow ℹ	22/六月/21 administrator	• SZ: Software Simplified Workflow Scheme	12	查看 复制	编辑
Software Simplified Workflow for Project DEMO ℹ Generated by JIRA Software version 8.13.0. 此工作流由 Jira Software 进行内部管理。请勿手动修改此工作流。	18/十月/20 administrator	• DEMO: Software Simplified Workflow Scheme	3	查看 复制	编辑

图 5-46　工作流管理页面

在 Jira 中新建一个项目会默认创建相关的工作流，在这个页面中可以看到很多项目相关的工作流。在这个页面中可以对这些工作流进行查看和修改。如果想基于某个工作流进行修改，可以先选择"复制"，再进行修改。

单击"添加工作流"，新建一个工作流。在弹出的页面中填写新建工作流的名称和描述，如图 5-47 所示。

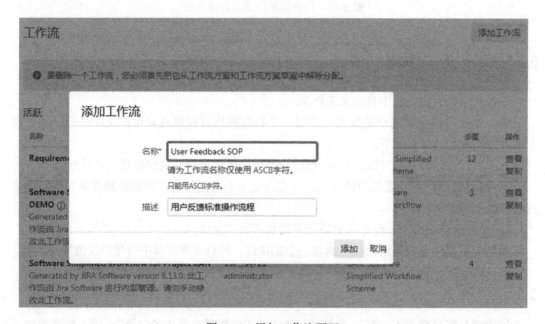

图 5-47　添加工作流页面

单击"添加"按钮后，Jira 将创建一个工作流并跳转到工作流的编辑页面，默认显示为图形设计模式。在新建的工作流中，Jira 自动创建了 1 个状态和 1 个转换，如图 5-48 所示。

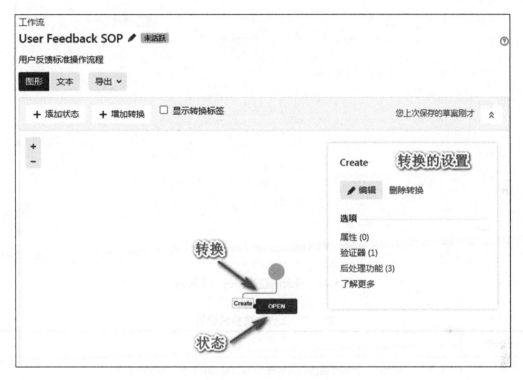

图 5-48　工作流编辑页面

状态代表问题的状态（Jira 有些页面也会将其翻译为步骤），例如待办、进行中、完成等，在图 5-48 中用一个矩形方块来表示。转换是指状态之间的转换，并且只能是单向的，例如状态从待办转换为进行中，在图 5-48 中用线段来表示。

在问题页面中，转换会以按钮的形式展现在页面顶部的工具条中，图 5-49 所示为需求问题类型的 3 个转换。通常我们会让转换和状态的名字保持一致，图 5-49 中转换的名称即为目标状态的名称。

转换的设置包括属性、触发器、条件、验证器、后处理、界面，具体功能如表 5-2 所示。

图 5-49 需求问题类型的 3 个转换

表 5-2 工作流转换的设置

名称	描述
属性	• 深度定制属性，例如转换按钮的名称（jira.i18n.title）等。不建议使用 • 如果发现转换按钮的名称不是定义的转换的名称，请检查转换的属性中是否使用了 "jira.i18n.title"，将其删除后，系统将使用转换的名称
触发器	用于 Jira 和 Bitbucket、GitHub 等开发工具集成。例如在 GitHub 中提交代码（提交信息中填写某个问题的 Key）可以触发一个问题的状态从待办变为进行中
条件	允许执行转换的条件。例如设置条件为项目管理员角色，非管理员角色的人将不会在页面中看到此转换按钮
验证器	• 和条件的功能相似。不同之处在于，如果不符合条件的要求，用户无法看到转换按钮。不符合验证器的要求，用户可以看到转换按钮，但是在真正执行转换操作前会报错 • 在用户单击转换按钮后，校验用户在转换界面中填写的信息是否符合要求
后处理	转换动作执行完成后，执行额外的操作。例如一个问题状态修改为进行中，把经办人设置为当前操作人
界面	执行转换操作时展示的界面。主要用于执行转换时，让用户填写额外的信息。例如修改一个 Bug 的状态为已修复时，要求用户在界面中填写 Bug 修复的原因分析和修复方案

　　了解了工作流中状态和转换的概念和用途后，我们来定制工作流。定制工作流就是按照标准操作流程规范，定义一个问题反馈生命周期中所有的状态和处理过程。我们把标准操作流程规范中描述的内容进行步骤分解，定义出相应的工作流。

　　运营人员收到用户的反馈后，创建一条用户反馈记录并通知项目组进行处理。在工作流页面中，系统默认创建的 OPEN 状态和 Create 转换，定义了一个问题创建后的初始状态为 OPEN。系统默认创建的初始状态和我们的需求一致，无须修改，代表运营人员收到用户的反馈后，创建一条记录，状态为 OPEN 并等待项目组处理。

　　如果希望问题为其他初始状态，可以新建一个状态，拖曳代表转换的线段，连接新的状态的矩形方块。

　　项目组分配一名成员为经办人，在记录的描述信息中添加处理方案，更新记录的状态为处理中。从需求描述中可以看出，一个记录在创建后，下一步动作是处理，处理后状态变为处理中。处理动作中还需要用户在描述字段中填写处理方案。

　　下面，我们添加一个新状态“处理中”。单击 Jira 工作流页面左上角的“添加状态”，系统会弹出新建状态的页面，如图 5-50 所示。

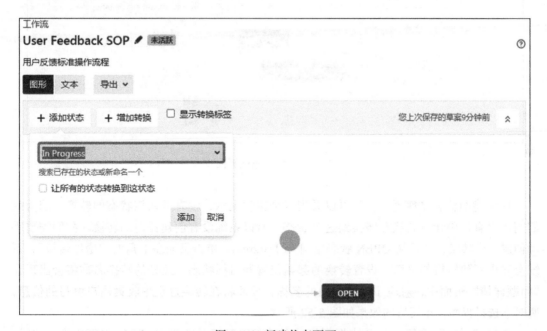

图 5-50　新建状态页面

　　在下拉框中我们可以新建或者选择已有的状态。为了保持系统的一致性和简洁，建议尽量重用状态。在系统中已经有一个代表处理中的状态 In Progress，可以在下拉框中直接选择。对于“让所有的状态转换到这状态”复选框，如果选中，就代表任何状态都可以转换到这个状态。在我们的需求中，只允许从 OPEN 状态转换成 In Progress 状态，所以不选中这一项。单击"添加"后，系统将在工作流图形设计器中创建一个状态矩形方块，如图 5-51 所示。

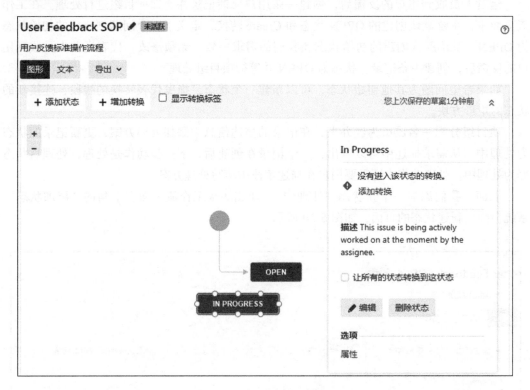

图 5-51　状态属性页面

在新建的状态属性页面中，可以看到一个错误提示，没有进入该状态的转换。因为我们刚才没有选中让所有状态转换到这个状态，所以系统没有创建任何的转换。我们需要手动创建一个转换，并且从 OPEN 状态指向 In Progress。单击页面左上角的"增加转换"，系统会弹出新建转换的页面。设置转换的起始位置和目标状态，此处的转换名称将会出现在"问题详情"页面中，对应于操作按钮的名称，界面将在转换过程中收集用户填写的信息，暂时不选择界面。填写后的效果如图 5-52 所示。

单击"添加"按钮后，系统将新增一条连接 OPEN 状态到 IN PROGRESS 状态的线，连线的名称显示为"开始处理"。选择转换的连线，可以看到转换的描述和选项，如图 5-53 所示。

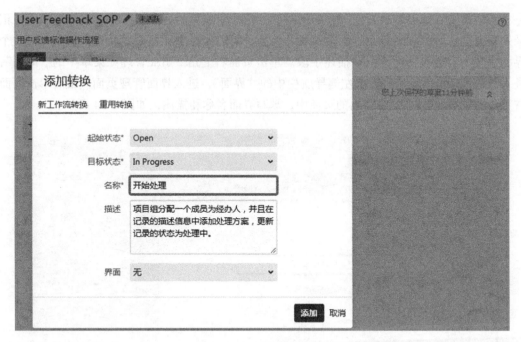

图 5-52　新建转换页面

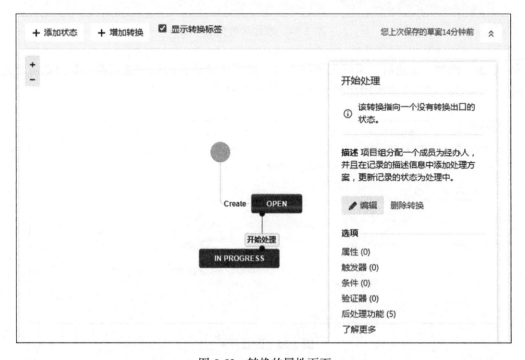

图 5-53　转换的属性页面

我们需要在状态转换为处理中的同时，分配一个成员为经办人，并且在描述字段中记录处理方案。为了收集转换过程中的额外信息，我们需要添加一个界面让用户填写。这个界面中至少需要包括经办人和描述字段。单击页面右上角"Jira 管理"菜单中的"问题"，进入问题管理页面。然后单击左侧导航栏中的"界面"，进入界面管理页面。最后单击页面右上角的"添加屏幕"，在弹出的页面中，填写界面名称和描述，如图 5-54 所示。

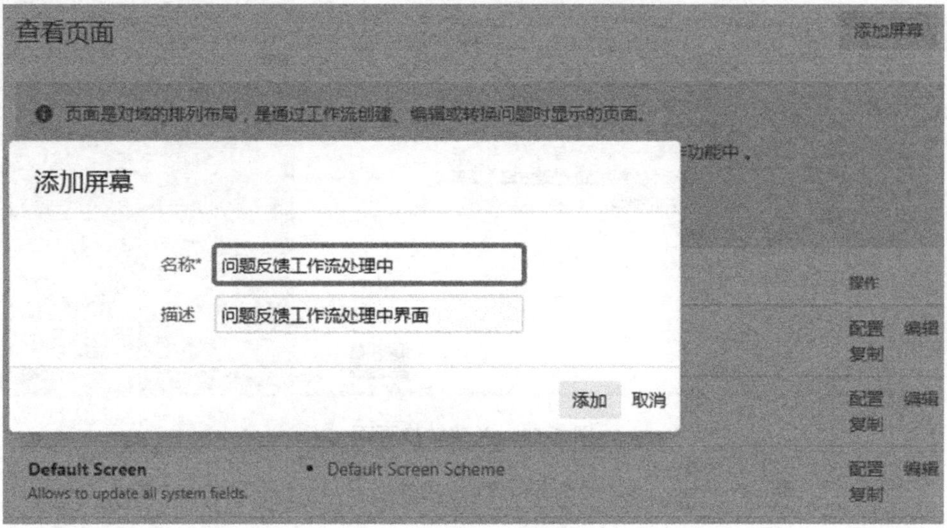

图 5-54　添加屏幕页面

单击"添加"按钮后，系统创建新界面，然后跳转到界面的配置页面。我们把需要的字段（经办人、描述）依次增加到界面中，如图 5-55 所示。

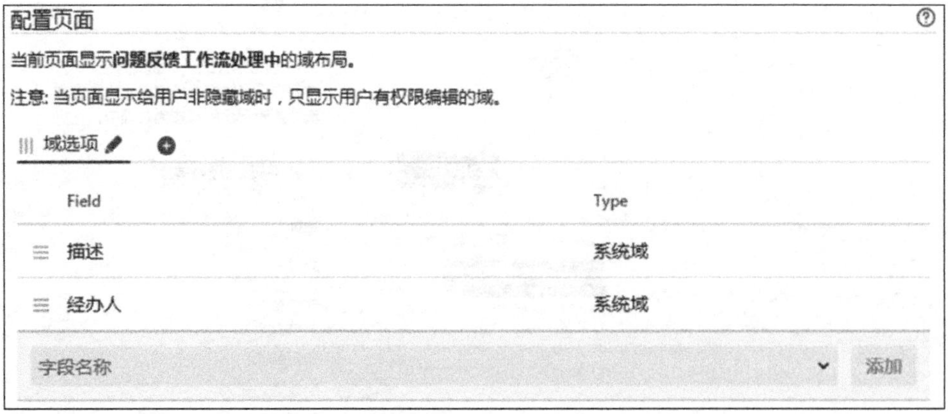

图 5-55　配置页面

添加界面后，把界面和转换关联起来。在工作流管理页面底部，单击"未活跃"标题，在展开的工作流里面找到 User Feedback SOP。因为这个工作流此时还未被任何项目使用，所以是未活跃的。在工作流编辑页面中单击转换，在转换的属性页面中，单击"编辑"按钮。在打开的编辑转换页面中的下拉框中选择刚才新建的界面，如图 5-56 所示。

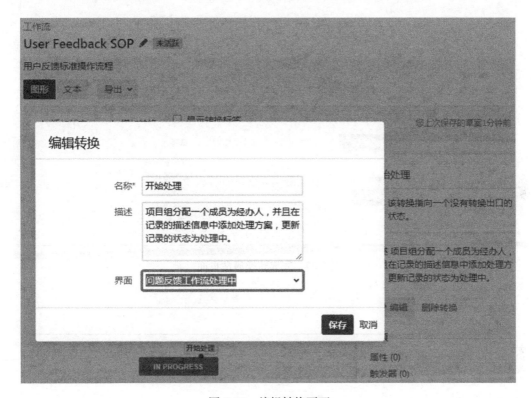

图 5-56　编辑转换页面

问题反馈处理完成后，只有经办人才可以把用户反馈记录的状态从 IN PROGRESS 变成 DONE。我们需要新建一个完成状态（DONE），并且新建一个转换，从 IN PROGRESS 指向 DONE。这个转换还需要增加一个限制条件——只有经办人才能做这个转换，其他人无法看到这个转换的按钮。我们按照之前介绍的设置方法，首先新建状态和转换，然后打开转换的属性页面，如图 5-57 所示。

我们需要给处理完成的转换增加一个限制条件，单击"条件"，打开转换的配置页面，如图 5-58 所示。

在转换的配置页面中，可以看到触发器、条件、验证器、后处理等配置。我们需要增加一个条件，只有经办人才能看到和操作。单击"添加条件"按钮，在打开的页面中有很多系统自带条件供选择，选择"仅允许经办人"，如图 5-59 所示。

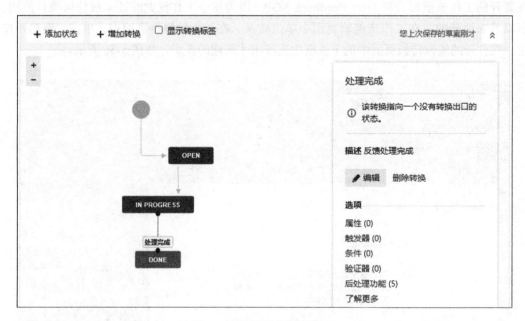

图 5-57　完成转换属性页面

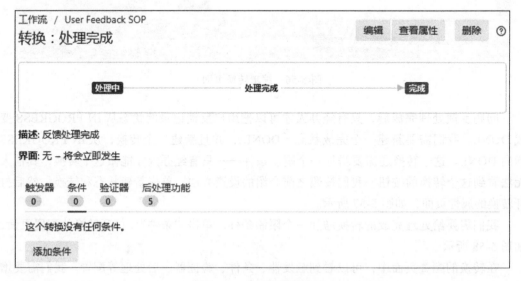

图 5-58　转换配置页面

应用程序　项目　问题　管理应用　用户管理　最新升级报告　系统

添加 条件 到转换

	名称	描述
○	Code Committed Condition	过渡到执行只有代码/未(取决于配置)是针对这一问题。
○	No Open Reviews Condition	过渡到只执行如果没有相关的打开熔炉的审查。
○	Unreviewed Code Condition	过渡到只执行如果没有未评审的更改集的与此有关的问题。
○	仅允许报告人	只有该报告人才能执行转换。
◉	仅允许经办人	只有经办人才能执行转换。
○	子任务阻止条件	根据子任务状态限制父级问题的转换。
○	权限条件	只有具有某项权限的用户才能执行转换。
○	组中的用户	只有隶属于某个组的用户才能执行转换。
○	组自定义域中的用户	只有隶属于自定义域组中的用户才能执行转换。
○	隐藏过渡到用户	条件隐藏过渡的用户。过渡才会触发的工作流功能。
○	项目角色中的用户	只有属于某个项目角色中的用户才能执行转换。

添加　取消

图 5-59　添加条件

至此，我们已经按照标准操作流程规范创建好了工作流，工作流包括 3 个状态
（OPEN、IN PROGRESS、DONE），以及依次连接它们的 3 个转换，如图 5-60 所示。

5.5.2　工作流方案

完成工作流的设置后，我们还需要把工作流和问题类型进行关联，生成工作流方案
后，供项目采用。用管理员账号登录 Jira 后，单击页面右上角"Jira 管理"菜单中的"问
题"，进入问题管理页面。单击页面左侧导航栏中的工作流方案，进入工作流方案页面，如
图 5-61 所示。

在工作流方案页面，可以看到每个项目都会自动创建一个工作流方案。根据用户的需
求，我们要让"用户反馈"这个问题类型采用新的工作流，其他的问题类型无须改变。最
佳方法是编辑项目正在使用的工作流方案，把用户反馈问题类型和新的工作流进行对应，
这也是日常工作中最常使用的方法。当然，我们也可以选择复制项目正在使用的一个方案，
经过修改后，让项目采用新的方案。下面以修改当前方案为例进行设置。

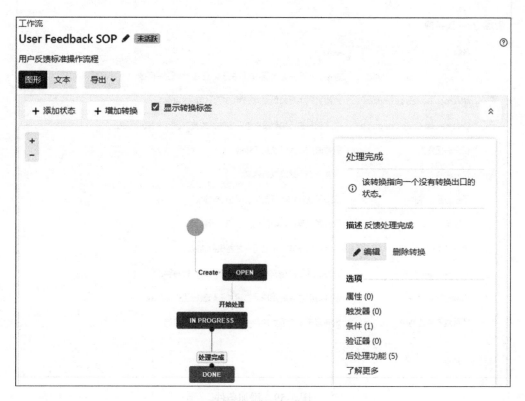

图 5-60　完整工作流

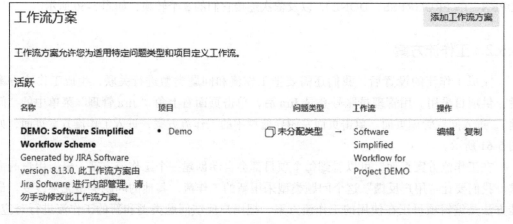

图 5-61　工作流方案页面

首先，找到 Demo 项目正在使用的工作流方案（方案名称中采用项目的 Key 作为前缀），单击"编辑"，打开方案编辑页面，如图 5-62 所示。

图 5-62　工作流编辑页面

我们看到所有的问题类型都在使用同一个工作流（Software Simplified Workflow for Project DEMO）。我们需要添加一个新的工作流给用户反馈问题类型使用，单击"添加工作流"下拉菜单中的"添加现有"，打开添加工作流的页面，如图 5-63 所示。

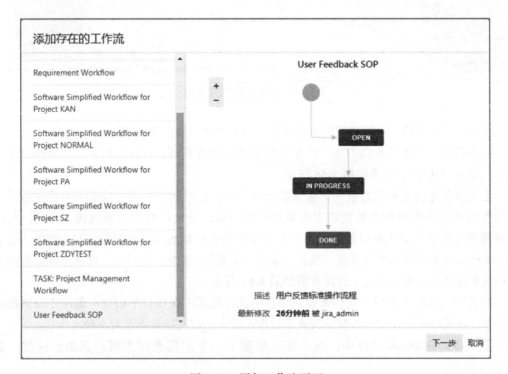

图 5-63　添加工作流页面

在工作流列表中选择新创建的工作流（User Feedback SOP），单击"下一步"，选择需要关联的问题类型（用户反馈），如图 5-64 所示。

图 5-64　选择关联问题类型

单击"完成"后，系统将回到工作流方案编辑页面，如图 5-65 所示。

因为我们修改了工作流方案，方案的状态已经变成草稿，并且出现了一个是否发布的提示，单击"发布"，效果如图 5-66 所示。

在发布工作流方案的过程中，系统提示我们要选择当前状态和新状态的对应关系。这是因为以前工作流的状态和新的工作流状态不一致，并且项目中已经创建过问题，所以系统需要转换项目中相关问题的状态为新的工作流中的状态。这里我们选择 OPEN，因为 OPEN 状态和待办状态的含义是一致的。单击"关联"，系统开始转换，转换完成后新的方案就发布成功了。发布后的工作流方案如图 5-67 所示。

配置完工作流方案后，我们需要在项目中进行验证。在项目中创建一条用户反馈的问题记录，按照标准操作流程规范对其逐步处理，验证工作流的设置是否正确。

第一步，在 Demo 项目中，用户张三创建了一个问题类型为用户反馈的问题，如图 5-68 所示。

图 5-65　修改后的工作流方案

图 5-66　发布工作流方案

图 5-67　最终的工作流方案

图 5-68　创建用户反馈问题

第二步，张三分配李四为经办人，并且在记录的描述信息中添加处理方案，更新记录的状态为"处理中"。在问题的详情页面，单击"分配"，在弹出的页面中把经办人填写问题李四，如图 5-69 所示。

问题分配给李四以后，在问题的详情页面，单击"开始处理"，在弹出的页面中添加处理方案，如图 5-70 所示。

单击"开始处理"后，回到问题的详情页面，可以看到状态已经成功变为处理中（In Progress）。因为当前用户张三不是经办人，所以在操作栏中没有发现"处理完成"按钮，如图 5-71 所示。

切换当前用户为经办人李四，回到问题的详情页面，可以在操作栏中发现"处理完成"按钮，如图 5-72 所示。

单击"处理完成"按钮，完成用户反馈的全部处理。可以看到，状态已经变成了完成，如图 5-73 所示。

图 5-69　将问题分配给经办人

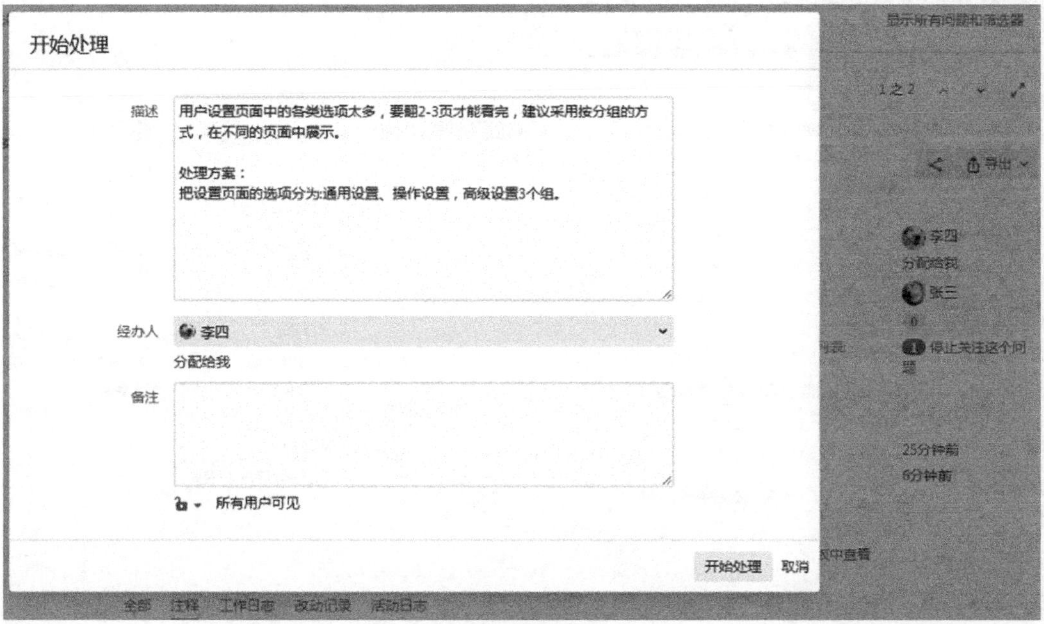

图 5-70　添加处理方案

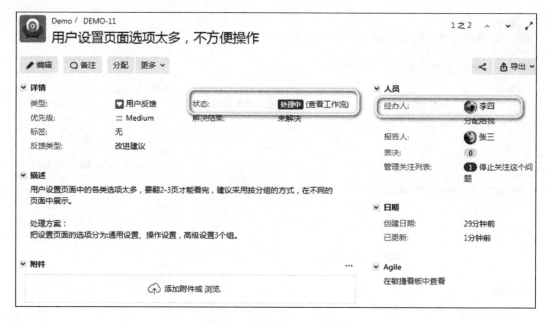

图 5-71　处理后的问题状态

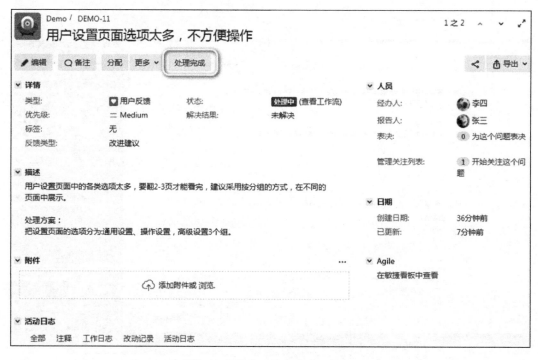

图 5-72　单击"处理完成"按钮

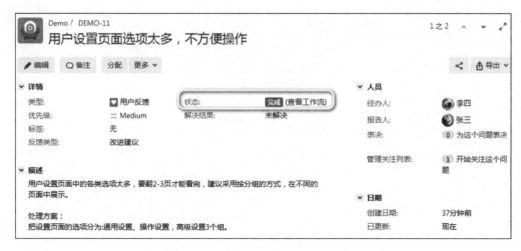

图 5-73　检查处理完成后的状态

至此，我们完成了工作流的全部验证，工作流的设置过程结束。

5.6　本章小结

本章首先介绍了 Jira 的核心优势、方案自定义功能的机制、设计思想、主要组件和设置方法。然后结合示例对方案自定义的主要组件的用途和设置方法做了全面的介绍。掌握自定义方案的设计和具体的设置，可以在日常工作中根据业务需求打磨出合适的项目管理方案。

虽然因篇幅所限，无法把自定义组件的所有功能进行介绍，但是掌握了机制和基本框架，就可以根据不同场景的业务需求制订整体方案，相关细节可以在相关组件中进一步探索。

第三部分 *Part 3*

Jira 实战

Jira 出色的高级定制属性支持可视化精益看板能力的打造与实现。第三部分将完整介绍一个 Jira 实操案例，通过案例解读看板的相关概念、设计实现、落地实践和使用技巧。

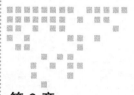

Chapter 6 第 6 章

使用 Jira 打造精益看板的心路历程

以 Jira 为载体打造的精益看板解决方案，充分利用了 Jira 的高级定制属性。此方案衍生而出的背景是什么？背后发生了哪些故事？通过本章可以了解整体演进历程。

本章要介绍的内容如下。

❑ 大胆的角色构想。

❑ 程序交付经理的职责定义。

❑ 物理精益看板的尝试。

❑ 物理精益看板的效果。

❑ 寻求线上化替代方案。

❑ Jira 线上化的定制尝试。

❑ Jira 精益看板的呈现效果。

❑ Jira 精益看板带来的改变。

❑ 看板方案推介与外部复用。

6.1 大胆的角色构想

讯飞 AI 营销云是科大讯飞集团在营销领域的重要布局，基于科大讯飞深耕多年的人工智能技术和大数据积累，赋予营销智慧创新的大脑，以丰富的产品矩阵和全方位的服务，帮助企业用 AI+ 大数据实现营销增长，打造数字营销新生态。

讯飞 AI 营销云业务自 2014 年成立以来，呈现了爆发式的增长态势，业务方向及业务团队规模不断壮大。伴随着业务的快速发展，红利和机遇不断涌现，同时新的问题和挑战也逐渐凸显。

2018 年中下旬，讯飞 AI 营销云的技术团队对交付过程中存在的问题现状进行了阶段性重点复盘，对未来半年项目存在的质量风险点防控进行讨论。质量风险点中，业务联动对接不到位是首要问题，让研发侧和测试侧较为头疼。

为此，技术团队通过对历史联动对接所暴露的问题进行分析，结合当时业务联动对接流程上的特点，基于可操作性，制定了业务联动控制方案。

此次复盘不仅通过了业务联动控制方案，更前瞻性地提出了一个新的角色构想，新的角色名称拟定为"程序交付经理"。期望通过配置此角色，一方面解决更深层的交付问题，另一方面实现更有效的交付效能、质量能力的打造牵引。

业务联动控制方案整体分为 4 个阶段。

1. 设计编码阶段前期

❏ 联动发起方考虑并梳理简易的联动方案，确认联动接收方。联动接收方可参考联动方参考确认清单实现引导确认，如表 6-1 所示。

❏ 在无法明确是否需要联动接收方参与的情况下，需要联动发起方进行确认，禁止主观臆断。

❏ 初步同步联动需求，确保联动接收方收到并理解相关需求，便于双方联动排期。

❏ 由联动发起方研发人员主导统筹联动需求的整体对接工作，即谁发起谁就主导和验收。

表 6-1　联动方参考确认清单

联动发起方	确认联动接收方的参考引导
前端	是否需要服务端做适配、是否需要数据侧做适配、是否需要外部第三方等其他侧做适配
服务端	是否需要关联业务做适配、是否需要数据侧做适配、是否需要前端做适配、是否需要算法做适配、是否需要外部第三方等其他侧做适配
SDK[①]	是否需要服务侧做适配、是否需要数据侧做适配、是否需要外部第三方等其他侧做适配
数据分析	是否需要服务侧做适配、是否需要前端侧做适配、是否需要外部第三方等其他侧做适配

① SDK（Software Development Kit，软件开发工具包）。

2. 设计编码阶段后期

❏ 联动发起方发起联动会议，同步具体的设计方案，重点同步待配合内容。

❏ 联动双方通过解读并沟通更详细的方案，保证双方明确范围和完整方案的正确性。

❏ 联动发起方和接收方确认研发内部联调自测时间，在研发阶段验证整体方案实现的正确性，规划双方业务上线时间点的先后顺序。

3.交付测试验证阶段

- ❑ 通知联动接收方交付时间，根据双方需要开展协同，随后由测试人员负责整体联动对接全局测试验证。
- ❑ 若业务涉及联动，交付测试时需注意在 CI 版本构建的"开发 / 设计范围"内容项中增加联动说明事项，明确联动范围、联动功能点和联动对接人。
- ❑ 联动发起方交付给外部的对接材料必须纳入版本测试范围。
- ❑ 双方业务测试对联动需求点进行确认和沟通，清楚彼此的实现，联动业务绑定测试，由联动发起方测试统筹负责。

4.版本质量考核阶段

笔者团队对提测版本依据发现的缺陷分布情况，将质量考核划分为 A、B、C、D、E，其中 A、B 为加分档，代表版本质量正向良好；D、E 为减分档，代表版本质量负向较差；C 为正常档，不作加减分。

- ❑ 若业务涉及联动，在测试阶段发现版本构建说明中的联动说明事项明显缺失，给予对应版本质量等级 D 的处理。
- ❑ 若业务需要联动适配，在整个开发环节未识别或没有进行同步联动事项，直接给予对应版本 E 的处理，版本打回到研发流程继续开发。
- ❑ 若涉及错误或不完整的联调范围信息传递至测试侧，影响测试范围评估而导致线上问题，给予对应版本质量等级 E 的处理。
- ❑ 若联动版本的实际对接质量控制较好，且满足质量考核等级 B 标准，直接给予质量考核等级 A 的升级激励。

6.2 程序交付经理的职责定义

仅陈述程序交付经理这一新角色的愿景还不够，我们还需要清晰定义其职责。庆幸有互联网这个开放的平台，我们能找到业界共享的经验。为此，我们重点参考了招聘平台上的"程序经理""版本经理""交付经理"和"敏捷教练"等多维角色的职责定义，更重要的是，基于自身业务的现状以及诉求，最终拟定了"程序交付经理"的职责定义。

拟定的"程序交付经理"职责如下。

- ❑ 角色宗旨：专注于价值的高效流动和快速高质量交付。
- ❑ 角色权益：虚拟管理职能，全员为平等对话关系，作为高效团队协同共建的主要牵头人。
- ❑ 角色关键词：流程质量、高效交付、价值驱动、风险防控、知识传播。

6.2.1　流程质量

流程质量旨在通过相关思路导向和措施，推动建设全流程质量能力，提升全流程交付质量，具体思路导向和措施如下。

❑ **推进研测流程和关联产品流程的标准化交付，减少低品质过程交付传递。**产研测经过沟通，制定需求文档交付规范，体现原始性需求到产品侧的转化过渡，逻辑性内容含流程图说明。建立评审机制，包括发现严重问题多于 N 例后触发打回机制、限定评审次数、考核复盘研测阶段需求问题、引导并约束产品侧交付质量。双月输出正向和反向产品交付案例，复盘讨论或提供绩效考核的客观建议。质量考核增加对容易发现的缺陷即低级缺陷的考核，强化当前的质量考核标准，以低级缺陷作为研发阶段是否有效自测的衡量标准，大中小版本对低级缺陷数量进行红线界定，减少出现低级问题。建设质量文化引导，对高品质交付的成员进行榜样激励。

❑ **制定交付下游的准入基线、研测计划的变更准入。**制定产研与研测两个衔接过程的准入基线清单，减少低品质产物交付传递。建立透明的研测计划公开制度，促使更有效评估编排整体任务。

❑ **监控执行过程，对低品质交付进行打回，促进端到端的责任制履行。**基于交付规范和基线清单进行有效拒绝和引导。

❑ **控制注水紧急需求插入，减少紧急任务，制定上线发布的约束准则。**紧急需求为业务类需求或优化修复类需求，业务演进类需求不纳入紧急需求。实现紧急原因的透明同步，便于更加有效地安排调整任务，实现更快赢利或提升运营效率效果。特殊标识紧急需求，对紧急需求的后续使用情况（频次、对增收或效率提升的价值）进行阶段性统计，对紧急需求进行排名。现网是质量的生命线，越是紧急的版本引入缺陷和线上风险的程度就越大。版本必须经过有效的测试，在风险完全可控的情况下，才能进行发布上线。未经充分测试验证即要求上线的，上线风险责任由要求者全权负责。

6.2.2　高效交付

高效交付旨在通过相关思路导向和措施，深度参与研测流程体系的建设和优化，推进高效交付，具体思路导向和措施如下。

❑ **建立合适的业务迭代模式，制定有效的任务安排跟踪机制，保证业务价值快速交付。**尝试业界成熟的敏捷补充方案，通过可视化的实际白板面板实现端到端的流程改进，看到价值端到端的流动过程，以问题突出、难度大的方向作为试点，尝试改良效果。

❑ **发掘并提炼内外部优秀实践并在组织内传播、分享，结合项目自身需要，尝试改**

进落地。发掘内外部优秀实践并传播分享，提炼核心思路，尝试优化并补充我方能力，每季度至少 1 次。

❑ **推动建立高效的信息共享沟通同步机制，优化产研测信息不对称的问题，打破信息共享隔阂。** 通过 6.2.1 节第一项和 6.2.2 节第一项措施增强产研测三方的有效互动，通过信息透明化和过程质量文化引导，减少产研测信息不对称的问题。对典型的信息不对称引入的问题及时复盘，持续改进。

❑ **对研测过程和结果进行审视，督导上下游实现需求转化价值产出，对项目流程运转问题进行查缺补漏。** 通过线上线下面板和实际的产品接触等多渠道途径，审视并识别暴露出的过程问题，实现持续引导。

6.2.3 价值驱动

价值驱动旨在通过相关思路导向和措施，推进价值驱动交付，以价值为导向，提升研测团队的工作认同感和内驱力，具体思路导向和措施如下。

❑ **产品需求转化为开发任务前，推进需求价值数据化，通过价值传递，提升下游工作认同感。** 需求价值数据化作为产品需求转化为开发任务的必要准入条件之一，以价值（当前价值和未来可期价值）进一步优化任务排期。

❑ **周期性收集线上需求的实际价值产出和使用效果反馈，同步研测团队。** 对重点需求、研发投入较多的任务、研发处理的紧急任务进行实际价值产出和使用效果的收集，把价值效果同步给产研测团队，形成必要的分析报告，进一步优化需求任务。

❑ **针对数据分析所暴露的问题进行复盘，协同产品侧优化后续需求准入。** 对价值产出预期和实际结果差异比较大的需求进行重点分析，对问题案例进行梳理和复盘，持续改进。

❑ **阶段性组织运营、产品、技术对业务演进、产品规划进行复盘和总结，形成客观务实的执行方案。** 实现需求的闭环管理，通过运营、产品、技术三方对季度演进内容进行复盘，通过复盘优化引导后续工作。

6.2.4 风险防控

风险防控旨在通过相关思路导向和措施，推动全员建立风险识别防控责任意识，减少风险点引入，具体思路导向和措施如下。

❑ **推动项目研测流程的质量、进度风险管控，推动关键问题的闭环解决。** 进一步控制研测流程质量，通过面板晨会及时有效地同步进度风险，由产品经理和研发、测试组长商讨控制安排进度；切忌不参与过程控制，只参与结果催促。

❑ **推进同步相关重要产品的演进进度，实现信息可视化、透明化，缓解进度风险。**

通过必要的可视化、透明化，让参与者和关注者都能关注进度，并根据进度来适当调整部分工作的优先级，实现"束水攻沙"，快速流动；将并行任务控制在合理水平。

- ❑ **站在全局业务角度，评估已有重大设计实现可能存在的关联边界影响，识别防控风险。** 研发组长和测试组长需要以更高更宽广的视角，审视重大设计实现可能存在的关联边界影响，对重大联动实现的设计方案组织有效评审和信息完整同步。

- ❑ **人人都是风险的识别者和防控者，有效激发技术成员的风险防控意识。** 要有需求的主人翁意识，换位思考，保障业务价值的有效实现。

6.2.5　知识传播

知识传播旨在通过相关思路导向和措施，推进业务知识的传播，促使技术团队的业务视角更宽广更完整，助力业务演进，具体思路导向和措施如下。

- ❑ **建设并维护业务知识体系，提供技术人员了解所需业务点的窗口平台。** 整合培训材料，扩充业务知识宽度。

- ❑ **培养内部业务专家，兼任咨询师、培训者、促进者、建议者职能。** 各方向测试或研发负责人兼任所在方向的业务专家，能够站在全局高度协同产品助力业务演进。

- ❑ **建立业务知识能力的阶段性考核制度，以考核来树立榜样引导。** 不同方向的研测成员根据所接触的范围需要，对自身方向的整体内容、紧密关联方向有不同的要求，通过测试量化掌握效果。

6.3　物理精益看板的尝试

通过可视化的物理白板实现端到端的流程改进，可以看到价值端到端的流动过程。这一思路受畅销书《精益产品开发：原则、方法与实施》作者何勉老师的启发。何勉老师是国内资深精益产品开发顾问，专注于精益产品交付、精益创业、创新及精益产品设计等领域。

何勉老师在"阿里技术"微信公众号上发布了一篇名为《如何在 2 周内交付 85% 以上需求？阿里工程师这么做》的文章，其中配有如图 6-1 所示的看板插图。笔者反复阅读这篇文章，在心中埋下了跃跃欲试的种子，最终呈现在"程序交付经理"的落实思路与物理精益看板的尝试中。

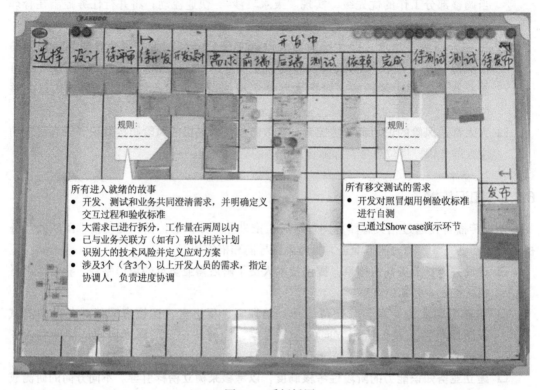

图 6-1　看板插图

　　物理精益看板对于笔者所在团队中的很多人来说还是一个相对陌生的概念和实践模式。为了推进物理精益看板的有效尝试落地，除了选定试点方向外，为此还拟定了如下相关实施的说明。

6.3.1　设置目的与状态设置

　　通过可视化端到端的价值流动过程（以精益看板为核心呈现载体），基于价值流发现流动过程中的问题。识别并优化问题瓶颈和待提升点，以更好更快地推进需求价值的快速流动交付。

　　物理精益看板的状态设置可先通过 Excel 进行模型绘制及干系人确认，如图 6-2 所示。

需求池	准备好	开发				测试			待上线
		设计ing	开发ing	自测ing	完成	用例ing	测试ing	完成	
已上线:									

图 6-2　物理精益看板的状态设置模型示例

物理精益看板的状态最终要在物理载体上呈现，最好采用物理白板。图 6-3、图 6-4 为在办公室玻璃墙上临时搭建的较为粗糙的物理精益看板。

6.3.2　便签使用

1. 便签使用说明

通过不同颜色和形状的便签来呈现任务的所属特点，便签区分如下。

❑ 正常需求开发任务采用绿色便签。

❑ 紧急插入需求任务采用红色便签。

❑ 测试任务采用黄色便签。

❑ 黄色细条便签代表缺陷。

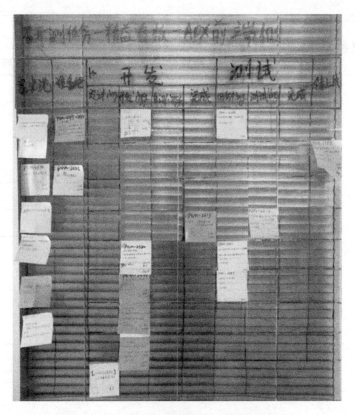

图 6-3　状态设置在物理载体上的呈现（一）

图 6-4　状态设置在物理载体上的呈现（二）

2. 便签书写说明

通过便签书写内容能够理解该便签对应的研发任务信息。

进入开发阶段的任务便签（绿色和红色）需要包括如图 6-5 所示的参考信息。

进入测试阶段的任务便签（黄色）需要包括如图 6-6 所示的参考信息。

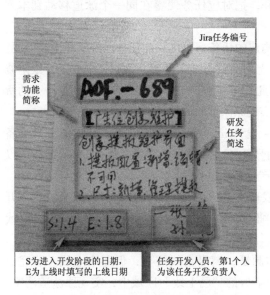

图 6-5　开发阶段的任务便签书写维度示例

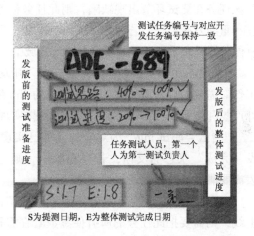

图 6-6　测试阶段的任务便签书写维度示例

6.3.3　便签流程规则

关于便签流程规则的说明如下。

"需求池"为纳入本月或未来一段时间开发但还未进入研测阶段的任务，每个需求有对应的 Jira 任务编号。常规产品演进需求采用绿色便签呈现，紧急需求采用红色便签呈现。

若常规产品演进需求被提升为紧急开发需求，则使用红色便签进行置换。需求池可根据任务的优先级将便签上下移动，最上面的便签优先级最高；产品侧可根据达成的优先级共识输出对应产品设计产物并组织评审，以更好更快满足后期开发的准入需要。

"准备好"为已完成需求设计评审，满足开发准入要求的待开发状态任务。卡片从需求池里获取，粘贴到该区域即可。研发侧需要把控此列需求的质量，若对应的需求还不完整或未进行评审达成共识，则不允许把对应便签贴在此列。

"开发 – 设计 ing"为进入开发阶段但需要进行需求的进一步消化，转化成设计实现，指导后期编码实现。该卡片从"准备好"中获取。此时需要把便签左下角的 S（Start 首字母，代表开始开发的时间）进行填充；便签右下角的开发人员也需要罗列，书写的第一个开发人员为该任务的第一开发负责人。

"开发 – 开发 ing"为进入编码阶段的任务，若对应任务已完成设计并着手编码实现，则把该便签在同一个泳道移动到本列即可。

"开发 – 自测 ing"为进入开发自测的任务，一般较大需求存在的自测时间较长，故增加此列进行状态的标识。进入该阶段的任务，把对应任务便签在同一个泳道移动到本列即可。

"开发 – 完成"为已初步完成开发和版本构建的任务，不代表此任务已经满足上线需要。若该任务在测试环节出现缺陷，则此任务便签上面会贴上细条便签，说明还需要进行缺陷修复和重新发版验证。若任务完成测试上线，则此便签会结合对应测试任务，把此任务下的所有便签放置在看板下方的"已上线"区域中，实现原泳道的清空，供后续开发任务进入。

"测试 – 用例 ing"为当任务进入"开发 – 设计 ing"阶段时，可着手开展的测试准备工作。需要结合对应研发任务所呈现的 Jira 编号任务，并结合"开发 – 设计 ing"阶段的设计产物和"开发 – 自测 ing"阶段的具体实现产物说明进行测试用例框架的书写与完善。

"测试 – 测试 ing"为对应的任务已实现发版并进入测试执行阶段，此阶段会进行"开发 – 完成"状态的反馈，若存在缺陷，则把细条便签粘贴在对应研发任务便签上，以代表需要研发人员做进一步处理。

"测试 – 完成"为该需求任务已完成整体测试，满足上线需要，但还未上线。若完成上线，则需要把此任务的所有便签放置在看板下方的"已上线"区域中，实现原泳道清空，供后续开发任务进入。

"待上线"的任务状态时间最短，增加此列的目的是当对应需求的研发任务和测试任务都进入完成状态，需要等待时间进行上线时，可以把对应任务的所有便签都贴在此区域，说明上线处于等待状态。若已完成上线，则将便签迁移到看板下方的"已上线"区域中，实现原泳道清空，供后续开发任务进入。

"已上线"为阶段周期内已完成上线的需求任务，对应任务便签迁移到此处时，需要对开发便签右下角的 E（End 首字母，代表上线日期）进行填充。

6.3.4 便签生命周期

1. 绿色 / 红色便签的生命周期

"需求池"→"准备好"→"开发 – 设计 ing"→"开发 – 开发 ing"→"开发 – 自测 ing"→"开发 – 完成"→"待上线"→"已上线"。

2. 黄色便签的生命周期

"测试 – 用例 ing"→"测试 – 测试 ing"→"测试 – 完成"→"待上线"→"已上线"。

3. 细条小黄色便签的生命周期

"开发 – 完成 ing" → "待上线" → "已上线"。

6.3.5　维护说明

月初对本月的需求任务进行便签化处理，根据任务实际情况，粘贴至"需求池"或"准备好"等区域。

每日晨会对精益看板上的便签进行右向迁移拉动，结合看板内容组织晨会，时间控制在 10 分钟内。

6.4　物理精益看板的效果

物理精益看板实现了需求价值流动的可视化，增强了产研测任务目标的对齐和协同，如产研测对当前阶段的所有需求任务进度都是可见的，所关心的需求进展一目了然。缓解了产研测因任务进展无法有效同步而出现的持续性打断或协同矛盾，如协同团队频繁打断或干扰协同职能团队以获取需求进度；紧急插入需求在协调原始需求上，导致无法有效协调兼顾。

物理精益看板解决了原始敏捷流程状态带来的负面影响，增强了各协同团队的交付意识，各职能聚焦自身职能的工作交付，实现需求价值的快速流动。如产品侧会更多关注需求的选择和需求设计的消化处理，以更快实现需求迁移到"准备就绪"状态；测试侧关注研发正在进行的需求和已交付测试的需求，以更好地开展测试准备工作和聚焦测试工作。

物理精益看板暴露了项目流程的具体瓶颈，直击痛点，实现了更快的价值流动。如 1 个细分方向只有 2 个研发人员，在研发阶段的任务已经有 6 个，此时就要评估并行任务较多造成的交付效率问题，减少并行，实现束水攻沙的效果，以保证需求更快更有效地交付上线，解决业务方在月度需求排期规划上的典型问题。

6.5　寻求线上化替代方案

物理精益看板落地初期在试点业务方向给产研测交付团队带来协同提升效果，整体是非常直观和超出预期的。

同时我们看到物理精益看板的实施，在项目侧存在一定的重复投入成本，如需求已经在 Jira 平台上实现了维护管理。为了实现物理看板的能力，此时需要制定纸质需求便签，呈现在物理载体上，且需求的进度维护也需要维护线上（Jira 平台）和线下（物理精益看板）。

2019 年 1 月底，在物理精益看板试点实施第三周，为进一步面向团队解答对精益看板的相关疑问、推进考虑精益看板与当前产研测排期工作的融合互补，精益看板落地协同小组组织了阶段性的复盘探讨。在此次复盘探讨中，产品侧同事重点提出了当前存在的线上线下重复投入的问题。该问题能否得到有效解决，在一定程度上影响着团队部分成员对物理精益看板的接受程度，未来也将影响试点后以点带面式在全业务铺开工作的实施。

由此，物理精益看板线上化替代方案也提上了日程，通过对业界主流项目需求管理工具平台的摸底调研，并重点考虑减少项目迁移带来的采购成本、上手成本、定制成本等成本，调研的目标聚焦于当前已在使用的 Jira 平台。

Jira 平台具有强大的自定义功能属性，在问题单、流程方面可按需定制，具有出色的灵活性和可操作性。基于对 Jira 的操作认知和新增探索实验，以及结合深度咨询集团 Jira 平台团队获取的信息，最终评估在 Jira 平台或许能够实现我方的精益看板线上化的诉求，由此开始了以 Jira 为载体的精益看板解决方案的打造尝试。

6.6 Jira 线上化的定制尝试

Jira 平台提供的常规问题（故事、任务等）流程，通常采用传统的"TODO、Doing、Done"3 种状态的切分模式。常规问题流程在集团层面是统一化的，若改造方案在这些常规问题流程上实施，则改造结果将会对全集团业务项目产生关联影响。

为规避常规问题流程改造的关联影响，增强后期改造方案线上化定制的灵活性，我们采用了复制原有流程进行改造的模式，具体为复制原有常规"故事"问题流程，随后把复制得到的问题流程名称变更为"需求"，最后在"需求"问题流程上定制实现所期望的模式。

6.6.1 定制方案"开发"的三步法

定制方案"开发"的操作人员为 Jira 平台的超级管理员，具有项目创建、流程定制和项目元素添加配置等高级定制权限。超级管理员需要根据业务方的具体诉求，在 Jira 平台上进行配置转化。这个过程不涉及编程，不需要代码功底。

定制方案"开发"的第一步是重点解决实现"需求"问题流程的状态精细化切分和需求类型的入口区分。

通过状态切分，原有的"TODO、Doing、Done"状态呈现依次排列为"需求 – 待评估""需求 – 产品设计中""需求 – 待评审""准备好 – 待开发""开发 – 设计中""开发 – 开发中""开发 – 自测中""开发完成 – 待测试""测试 – 测试 ing""待上线""已上线""异常终止"等 12 种具体状态。

区分需求类型的入口是为了区分常规演进需求和紧急插入需求，实现物理精益看板上绿色便签和红色便签的效果。采用的实施方式是复制"需求"问题流程，原"需求"问题流程的名称变更为"常规演进需求"，最新复制的问题流程名称变更为"紧急插入需求"，并以不同的验收图标进行区分。

第二步是重点优化问题流程的创建页面和详情展示页面，减少原有冗余元素字段和新增必要的引导元素字段。如问题创建页面新增"价值分类""价值量化评估"以增强需求从入口创建时的价值传导传递，实现需求价值认同；问题创建页面去除"安全级别"以减少非必要元素的填充。

第三步是重点优化问题流程的易用性操作问题，优化去除多余入口和调整部分元素的呈现位置。如在 Jira 项目的创建问题入口处去除周报、日报、评审等项目不会使用的问题流程，减少选择干扰。

6.6.2 定制方案"配置"的三步法

定制方案"配置"的操作人员为具体 Jira 项目的管理员，须具有项目面板的创建维护权限。项目管理员需要根据项目具体诉求，在 Jira 项目上进行项目配置转化，这个过程不涉及具体编程。

配置是持续优化与调整的过程，不断调整至期望理想的效果。

定制方案"配置"的第一步是创建项目筛选器，旨在通过筛选器去呈现仅需关注的问题类型。

一方面，Jira 项目中的问题类型除需求类型外，通常还有缺陷、任务等其他问题流程，若目标的精益看板呈现所有问题类型的内容，则会影响整体可视化效果。另一方面，Jira 项目中有时会存在多业务方向共用的情况，如业务 A 方向通过筛选器关注维护自身方向的需求即可，无须对业务 B 方向的需求进行关注。用一句话概括筛选器的作用，是避免看板呈现内容变为"大杂烩"。

第二步为创建项目面板，旨在通过"冲刺"面板类型，实现需求的有效规划排期管理以及类似物理精益看板的目标看板效果呈现。在创建"冲刺"面板时，选择依赖于一个已有的筛选器，即采用已保存的筛选器实现筛选器列表内容的可视化呈现。面板创建完成后，若要实现较为理想的可视化显示效果，则需第三步进行实现。

第三步为配置项目面板，旨在通过面板的配置功能，实现状态列的独立切分和有序排列，同时配置需求便签显示要素，以增强需求便签的可视化信息呈现。创建项目面板，如果"活动的 Sprint"菜单中的可视化看板未达到理想的效果，可通过面板配置功能，对该看板进行优化配置，如展示状态列的新增情况和实际状态映射、需求的经办人姓名等。

6.7 Jira 精益看板的呈现效果

以 Jira 为载体打造线上化精益看板（简称 Jira 精益看板），从无到有，从粗糙到完善，不断接近理想效果。Jira 精益看板仅为工具载体，具体如何更好地应用精益看板优化产研测协同交付，则需要一些理论方法的支撑。图 6-7 所示为 Jira 精益看板的实践示例。

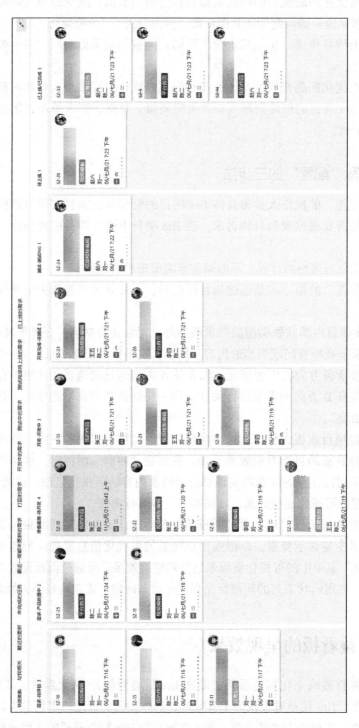

图 6-7 Jira 精益看板的实践示例

6.8 Jira 精益看板带来的改变

Jira 精益看板在项目实践中带来了积极的变化，对项目的改善效果超出预期。本节从工程实践和研发效能两个维度进行介绍。

6.8.1 工程实践上的改变

一个方法是否有效，在一定程度上可以从该方法能够解决多少问题来量化。精益看板方法在我方研发工程实践中解决了产品需求管理、产品需求协同开发上的部分突出问题，实现了相对高效的需求管理和透明的协同流转。

在需求管理维度上解决了需求对象多样化、需求价值意图不明确、需求池错综复杂、需求决策主观干扰大等问题。

- ❑ 需求对象多样化带来的多重问题迎刃而解。这里的多样化泛指多种维度的多样化，如需求来源输出职能的多样化，包括产品、运营、商务等职能；如需求面向对象的多样化，这个需求具体归属于哪些业务线或哪些子项目。对多样化的需求如果没有好的解决机制，会额外增加需求管理复杂度和成本。通过精益看板的定制能力，我们在需求入口进行有效的管控、看板有效切分，借助看板的可视化能力，化解了需求对象多样化带来的多重问题。

- ❑ 需求价值的意图不再需要大力挖掘。方法实践前，我们通过需求描述和原型，并不能有效获知需求的价值意图，由此增加了后方职能团队的理解成本。我们在需求创建时量化说明需求的价值，缓解此问题。这样后续的交付方也会增加交付的认同感，毕竟每个人都期望自身的工作是有意义的。

需求方在做需求决策时，有些时候会面临一个常见的现象，哪个产品人员的需求催得急，就优先安排谁的。这样就导致了一个问题，本身对业务更有价值更有利的需求通通往后排。需求排期人员在面临这样的情况时，思想压力就大了。其实这个问题可以通过需求价值的量化来明确，通过需求价值来决定优先级。

在需求协同维度上解决了进度频繁被打断、任务目标不对齐、质量内建难管控等问题。

1. 进度频繁被打断

有些职能侧在无法获取当前整体工作进度，又没有晨会同步的情况下，会频繁地追问需求进度。每个人都不希望自己被打断、被催促、被监视，导致工作时间碎片化。

2. 任务目标不对齐

若团队都知道某个需求在当前所处的阶段，各职能方更容易实现对需求目标的对齐；若不知道需求所处阶段，风险问题就会暴露给后期，后期的解决成本很高。

3. 质量内建难以落地

质量显然不是测试出来的，质量是一系列过程产生的结果，属于过程量。说到过程就需要各方努力，若过程没有达成共识，随便一个低质量的需求就会从上游传递到下游，由此产生需求返工行为，消耗大量的时间成本、精力成本、感情成本。

6.8.2 研发效能上的改变

在工程实践上的改变是优化研发生产流程，优化流程的最终目的是提升优化生产效率，持续快速、高质量地交付。

以下为我们线下量化度量的效果数据，以精益看板解决方案落地前后 5 个月的数据作为比对。

在交付吞吐率方面，以每月持续交付的需求数为例，月均交付需求数由原来的 54 个增长至 93 个。需求响应周期是一个需求从提出到交付所经历的时间周期，由原来的 29.4 人日降到 17.8 人日，也就是说响应能力增强了。

在发布成熟能力方面，以每月"需求数 / 构建版本"的数据为例，由 0.84 增长至 1.86，构建交付成熟能力提升了 121%，体现出我们因缺陷而产生的版本迭代缩减了，一次性交付能力提升了。

在交付过程质量方面，关于缺陷有一个缺陷点的度量机制。通过度量机制，研发过程质量提升了 21%。同时，因需求原因引入的缺陷也大幅下降，需求质量提升了 68%，说明产品侧的交付质量也提升了。

对外交付质量，精益看板很好地解决了协同的问题，以典型的内部协同问题引入的线上问题为例，由 2 例降至 0 例。

6.9 看板方案推介与外部复用

2019 年 3 月，物理及线上化精益看板的试点落地给业务侧整体的交付提升带来了信心，这是一次成功的实践。随后的半年中，也顺利实现了以点带面，全业务落地，其间不断完善精益看板实践，形成了相关文档沉淀。

随着行业愈加关注研发效能的提升，精益看板作为软件工程研发管理领域越来越受关注的解决方案之一，有必要让更多的业务得到关注。

2019 年 7 月，在讯飞内部贴吧"钻石社区"进行 Jira 精益看板解决方案的试水解读分享，随后收到了几个业务组的自主接洽。基于内部实践和外部复用，2019 年 9 月，我们的方案实践通过"讯飞技术沙龙"平台面向集团进行了分享。随后更多的业务和项目对接复用，短短半年即已覆盖 90% 的 BGBU 单元，实现 50 余个项目的复用。

2019 年 11 月，笔者作为 Top100 全球软件案例研究峰会的演讲嘉宾，在"科大讯飞百亿级交互业务——测试驱动模式下高效交付能力提升之路"的演讲议题中重点介绍了"交付流程精益优化"，其中关于以 Jira 为载体实现精益看板解决方案在会后得到了许多行业伙伴的青睐。

6.10　本章小结

本章介绍了科大讯飞落地 Jira 精益看板这一能力的历程。从面临的需求交付困境，到借鉴何勉老师的实践思路落地物理精益看板，随后尝试借助 Jira 实现精益看板能力，最终 Jira 精益看板在公司内部众多业务单元中产生了自来水式的复用，在行业峰会上得到积极的反响。

至此，我们对 Jira 精益看板的应用价值有了基础的了解，第 7 章将对精益看板这一概念进行介绍。

精益看板概述

精益看板背后蕴含的思想与方法，是我们设计和落地 Jira 精益看板解决方案的重要依据。通过本章可以了解精益看板的基础概念。

本章要介绍的内容如下。

☐ 什么是精益看板。

☐ 看板方法的基本原则。

7.1 什么是精益看板

精益看板（Lean Kanban）中，精益指精益思想实践理论，看板指可视化的板和其所对应的看板方法。精益看板可以定义为以精益思想为实践理论的可视化看板方法。

7.1.1 精益思想的由来

精益思想源自日本丰田发明的精益生产方式。

二战结束不久，汽车工业中统治世界的生产模式以福特生产方式为代表，通过大批量、少品种的流水线形式生产产品。在当时，大批量生产方式即代表了先进的管理思想与方法，大量专用设备、专业化的大批量生产是降低成本与提高生产率的主要方式。

与处于绝对优势的美国汽车工业相比，日本的汽车工业处于初级阶段，丰田公司从成立到 1950 年的十几年间，总产量甚至不及福特公司 1950 年平均一天的产量。汽车工业是当时日本经济倍增计划的重点发展产业，日本为此派出了大量人员前往美国考察。丰田公司在参观美国的几大汽车厂之后发现，采用大批量生产方式降低成本仍有进一步改进的空间，而且日本企业还面临需求不足与技术落后等严重问题。

由于战后日本国内的资金严重不足，也难有大量的资金投入以保证日本国内的汽车生产达到有竞争力的规模，在日本进行大批量、少品种的生产是不可取的，应考虑一种更适合日本市场需求的生产组织策略。

以大野耐一等人为代表的精益生产创始者们，在不断探索之后，终于找到了一套适合日本国情的汽车生产方式，逐步创立了独特的多品种、小批量、高质量和低消耗的精益生产方法。

1973 年石油危机爆发，市场环境发生变化，大批量生产的弱点日趋明显，而丰田公司的业绩却开始上升，精益生产方式开始为世人瞩目。

20 世纪 90 年代，美国进行一系列对精益生产的研究和实践。这其中包括美国军方1993 年出台的美国"国防制造企业战略""精益航空计划"等政府指令性的活动。除了汽车行业，有更多的美国企业如波音、洛克希德马丁、普惠等投入实施精益生产的大潮中来。在这个过程中，日本人提供了基本的思考和方法，以出色的实践证明了精益生产的强大生命力；美国学者的研究、美国企业乃至美国政府的研究和实践，则证明了精益思想在世界上的普遍意义，并升华为新一代生产哲理。

1990 年，James P. Womack 等几位教授提炼并总结了丰田的实践，出版《改变世界的机器：精益生产之道》一书，该书以汽车工业为例，把丰田生产方式定名为精益生产，并对其管理思想的特点与内涵进行详细描述。这本书首次介绍了精益生产方式的产生和发展，预示了精益生产方式将对世界政治和经济局势产生深远影响。精益生产方式的概念开始为世人所认识和效仿，直至今日，它仍然是最先进的制造生产方式，是制造业共同追求的目标。

1996 年，James P. Womack 和 Daniel T. Jones 合著的《精益思想》一书问世，进一步从理论的高度归纳了精益生产中包含的新的管理思维，并将精益方式扩大到制造业以外的领域，尤其是第三产业。把精益生产方法外延到企业活动的各个方面，不再局限于生产领域，从而促使管理人员重新思考企业流程，消灭浪费，创造价值。这本书把精益生产方式由经验变为思想理论，加速了这种新的生产方式的全球传播和实践。

精益思想的核心是以越来越少的投入，包括较少的人力、较少的设备、较短的时间和较小的场地，创造出尽可能多的价值；同时也越来越接近用户，提供他们确实需要的东西。

精确地定义价值是精益思想的第一步。确定每个产品（或在某些情况下确定每一产品系列）的全部价值流是精益思想的第二步。第三步是要使保留下来的、创造价值的各个步骤流动起来，使需要若干天才能办完的部分手续，在几小时内办完；使传统的物资生产完成时间由几个月或几周缩短到几天或几分钟。第四步是及时跟上不断变化的顾客需求，因为一旦具备了在用户真正需要的时候就能设计、安排生产和制造产品的能力，就意味着可以抛开销售，直接按用户告知的实际要求进行生产。按用户需要拉动产品，而不是把用户不想要的产品硬推给用户。

无论是丰田生产方式，还是后来的精益生产，都是从技术的改变和技术的可行性开始的。过程所呈现的精益思想则是丰田生产方式的基础。通过《精益思想》一书所提炼出的精益管理五原则，我们可以对精益思想有整体的认识，如图 7-1 所示。

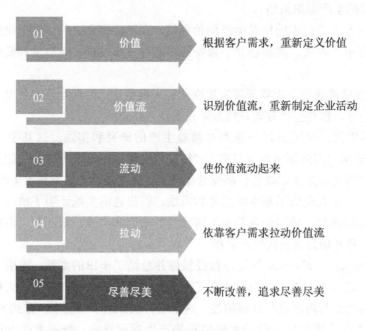

图 7-1　精益管理五原则

7.1.2　看板方法的由来

看板的概念同样源自日本丰田，是丰田生产方式的核心工具。

看板是丰田公司从超市的运行机制中得到的启示，作为一种生产、运送指令的传递工具。看板作为丰田生产方式的核心工具，其目的是在生产的每个阶段以最佳方式控制和管理工作和库存。借助看板，丰田实现了灵活高效的即时生产控制系统，可有效提高生产率，同时降低原材料、半成品和成品的库存成本。

看板使工作流程和工作事项可视化，直观地展示经过流程的实际工作，通过看板识别工作过程中的潜在瓶颈并进行修复，保障工作以最佳速度推进。

虽然看板是在工业制造领域引入的，但看板的方法同样适应于其他领域。

2004 年，David J. Anderson 首次将这一概念应用于 IT、软件开发和知识工作领域。David J. Anderson 是软件开发中应用看板的先行者，通过不断完善与实践，形成了看板开发方法。2010 年 David J. Anderson 在《看板方法：科技企业渐进变革成功之道》一书中，详细介绍了看板方法的价值、原则和实践。

看板方法脱胎于丰田生产方式和约束理论，是精益思想方法的进一步应用延伸。它将软件开发过程视为一种价值流，并且相信拉动式的管理能产生更好的结果。它通过限制在制品的数量等一系列简单可行的技巧，发现并缓解了软件开发过程中的压力和瓶颈，提高了生产效率。

7.2　看板方法的基本原则

看板方法是一种渐进式的改良，不是翻天覆地的革命，因而更容易被企业接受。由于实施阻力小且切实有效，因此看板方法在软件开发社区中得以迅速流行。

关于看板方法在既有组织中的实施落地，中国台湾著名精益布道师李智桦老师在其著作《精益开发与看板方法》中总结并提炼了看板方法的四大基本原则。

以下为看板方法四大基本原则的概括性解读。

1. 从既有的流程开始

看板方法的奇妙之处，在于它与企业原有的开发流程无缝结合，在不知不觉中提高生产效率。把现有的价值流程图画出来，不要试图改变它或重新发明一种理想的过程，等流程图呈现在大家面前时，再依照精益原则来思考如何加以改进。

从既有的流程开始，以肯定的方式认同既有的工作流程，是对团队的付出予以肯定。肯定对方的贡献有利于降低在角色或变化上面临的对立关系。有了认同与肯定，才能产生合作与改善的机会，从而实现不分你我，大家一起改进优化工作。从既有的流程开始，让团队能够看到当前流程可以改进的地方，并调动团队愿意主动从事改善的工作。这正是实施阻力小且切实有效的看板方法在软件开发社区中迅速流行起来的原因。

2. 同意持续增量、渐进的变化

这是一种渐进式的改良，更容易被企业接受。达成一致是推进变革的第一准则，最好能够事先沟通，取得团队成员的认同。在阻力最小的情况下，实现小幅度渐进式的增量变化。

3. 尊重当前的流程、角色、职责和头衔

对于看板方法推行的现有流程、角色、职责和头衔，都应该给予肯定。避免做太大的调整，减少因利益冲突带来的人为阻力，目的是能够顺利推行看板方法，让组织能够在微量变化之下开始接受看板方法。当前的流程、角色、职责和头衔并不是默认不变的，为了实现渐进式的增量变化，会涉及相关的调整，调整前需要对利益相关者进行必要和充分的沟通。

4. 鼓励各层级的领导行为

团队成员对现有工作流程具有持续改善的精神，这才是最重要的事。看板方法并没有

限定领导人物，鼓励层层负责，由各个层级真正了解看板方法，并主动承担领导改善的行为。让全员都能自我约束，团队进行自我管理，这正是让看板方法在团队中落地并持续改善的重要原因。

7.3 本章小结

本章对精益看板的概念进行了解读，起源于日本丰田精益生产方式的精益思想与看板，通过前人的传播与创新，实现了从工业领域扩展至 IT、软件开发和知识工作行业领域。精益看板归属于看板，其中所涉及的看板方法基本原则，对于组织落地精益看板方法同样适用。

至此，我们已经了解了精益看板的基础概念，第 8 章将重点介绍以 Jira 为载体的精益看板实现路径。

第 8 章 *Chapter 8*

精益看板实现路径

本章主要介绍实现 Jira 精益看板能力的步骤以及实现前要开展的准备工作。通过本章可以了解精益看板实现的整体路径。

本章要介绍的内容如下。

☐ 看板实现路径总览。

☐ 看板实现前的准备工作。

8.1 看板实现路径总览

看板实现路径总览如图 8-1 所示，该图呈现了 Jira 精益看板从最初的想法到落地所需经历的过程。

Jira 精益看板实现主要分为 3 个阶段。

第一阶段为 Jira 精益看板实现前需要开展的准备工作，包含组织探索认同、多方调动参与和超管资源协作。

第二阶段为 Jira 精益看板的开发实现阶段，可称为"开发"三步法。该阶段包含价值流状态改造、问题单内容改造和问题类型入口改造。

第三阶段为 Jira 精益看板的配置实现阶段，可称为"配置"三步法。该阶段包含项目筛选器的配置、敏捷面板的配置和面板详情的优化配置。

逐步实施以上 3 个阶段，可以打造精益看板能力，实现以 Jira 精益看板为载体的看板方法落地。

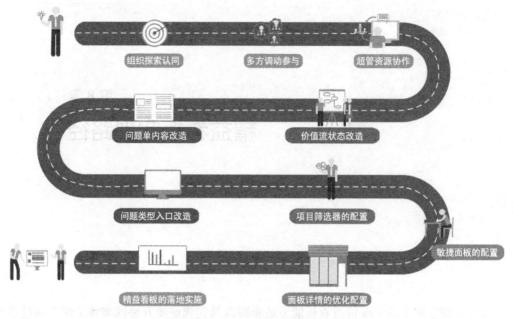

图 8-1　看板实现路径总览

8.2　看板实现前的准备工作

我们需要开展看板实现前的系列准备工作，尽可能增强对看板的基础认知，提前进行协同沟通以减少后期可能遇到的障碍，同时获取相关资源的支持。本节从组织探索认同、多方调动参与和超管资源协作 3 个维度介绍相关的准备工作，供读者参考。

8.2.1　组织探索认同

组织认同是大多数新流程、新工具、新方法实施的前提条件，在实施前期获得相关的理解与支持有利于整体工作的推进和开展。

看板的实现以及后续落地在一定程度上会改变职能方的协作模式，同时也会改变他们看待产研测需求交付工作的视角。

为了更好地获得组织对精益看板落地探索的认同，以下提供相关参考要点。

1. 储备基础认知

看板推进者需要建立对精益看板的基础认知，包括看板方法及精益思想。第 7 章虽然介绍了精益看板的相关知识，但组织若有确切的想法进行精益看板的尝试和实施，建议继续增强基础认知储备。

关于看板的应用落地，这里推荐两本经典著作，分别为 David J. Anderson 所著的《看板方法：科技企业渐进变革成功之道》及何勉所著的《精益产品开发：原则、方法与实施》。关于精益思想的背景认知和深度解读，可阅读由 James P. Womack 和 Daniel T. Jones 所著的《精益思想》。

完善的基础认知储备，不仅能帮助看板推进者更立体地理解精益看板，更有助于他推进后续工作，如达成探索共识。

2. 了解业界实践

看板方法及精益产品开发理念已发展十余年，国内已有先行者进行了相关实施和方法的总结提取与沉淀，精益看板作为其中重要的工具载体，得到重点关注。读者可通过搜索"精益看板""看板方法""看板实践""精益开发"等关键词获取更多材料，订阅"精益产品开发和设计"等优质的微信公众号，也可以参与 Top100 全球软件案例研究峰会等行业会议。当前精益看板实践已在阿里巴巴、华为等头部企业落地并不断扩展其应用范围。

了解业界实践，将有助于进一步强化看板推进者的信心：自己所要推行的事情是得到实践检验的，是有效的。在我们获得认同的过程中，以下问题不可回避："业界有实践先例吗？""有用吗？""效果如何？"业界先行者的实践会帮助看板推进者更好地回答这些问题。

3. 问题驱动探索

以问题为切入点尝试新方法导入新理念，是组织演进的最佳方式之一。问题的暴露会驱动组织内形成改进共识。如交付团队工作不透明、信息不对称、进度不对齐等跨职能协同问题和交付效能问题会困扰团队多职能角色，让组织领导层头疼，若此时推进者提供新思路，很容易获得支持，而精益看板自身的特点和方法就能够提供解决这些问题的思路。

如果组织层面未面临问题或尚未暴露突出的问题，则组织改进的意愿自然较低。此时我们推进一些改进实践，会面临较多的阻力。在推进自下而上的改进措施时，比较好的办法是问题驱动探索；而在推进由上而下的改进措施时，问题不再处于重要的位置，不限于问题驱动探索，驱动探索的因素将更加多样。

4. 选取试点项目

试点项目的选取与试点认同也至关重要。可选取存在突出协同问题或交付问题的项目作为试点，通过这样的项目更容易看到落地改进的效果和树立案例典型。

在对试点项目进行精益看板转化时，推进者需要充分了解项目的现状与痛点，在设计精益看板方案时应重点理解痛点问题与当前方案之间的契合点。好的方案是适应于项目的方案，必须遵循尊重项目特征的原则。在引入解决方案时要站在项目的角度以解决问题为目标，而不是站在个人的角度以推进新方法为目标。

试点项目选取后，调动交付流程中的相关干系人参与精益看板方案的设计。这些干系人一般对项目有更多的洞察，同时聆听他们的声音并把相关可采纳的意见与建议融入后期方案设计及执行中，这样精益看板推进者的推进工作势必会获得更多的支持。

在实施试点项目的过程中需要传达共同的愿景。共同的愿景不仅包括精益看板落地带来的改进效果，还包括以实际效果打造的典型优秀案例。通过后期优秀案例的传播既能持续激励试点组织，也会增强以点带面推广方案的信心。

5. 减少成本阻力

本书聚焦的工具平台载体为 Jira，如下精益看板方案也是基于 Jira 平台设计的。团队若计划采用 Jira 进行相关能力的打造，最理想的情况是团队已经使用 Jira 进行日常项目需求管理或缺陷管理。否则，驱动一个团队去使用一个新平台，不仅要考虑采购成本，还要兼顾迁移成本和后续持续引导与培养成本，由此带来的阻力和难度都较大。

在团队已使用 Jira 平台的情况下，精益看板的定制成本主要在方案的思考与设计上。在实际开发配置中需要投入的成本并不多，通常不需要开发人员参与，由 Jira 超级管理员进行定制即可。

8.2.2　多方调动参与

多方调动参与指调动试点组织中多个职能的相关干系人共同参与到方案设计中来。不同职能侧的参与能够让相关职能侧感受到重视，同时也会让职能侧感知这是集体的事情，从而增强协同推进的认同感。

为了更好地实现多方调动参与，以下提供相关参考要点。

1. 组建推进小组

推进小组是推进精益看板落地的重要力量。通过组建推进小组，实现群策群力。围绕共同的目标，共同参与精益看板的方案设计和后续方案的验收。

在软件研发工程领域，在设计精益看板方案时，建议推进小组的成员包含产品、研发、测试 3 个职能（以下简称产研测）的人员。产研测既是研发交付流程的核心参与者，也是后续精益看板的重要使用者和共建者。这些职能侧成员加入推进小组，有利于向其所在职能输出相关优化需求，共同参与方案的设计，有助于加快进度和提升效果。

推进小组成员在实施过程中可进行必要的扩展，当精益看板推进小组确认选取某项目作为试点时，可鼓励该项目的重要成员参与到整体建设中来。

2. 平衡改造期望

推进小组成员代表不同职能方参与方案设计，除小组成员所输出的期望需求需要得到倾听并给出意见外，后续在试点项目中所有成员输出的期望需求同样需要得到关注和闭环反馈。通常最好的需求来自实际项目的参与者。

完善精益看板是一个渐进式的过程。从方案实现后的验收试用到试点项目的启用，过程中我们需要根据实际效果不断优化方案，打磨最终的效果。

　　并不是所有的改造期望都是合理的，也不是所有的合理期望都是可实现的，精益看板推进者是众多改造期望的平衡者。看板推进者需要掌握一定的 Jira 定制配置能力，以引导合理期望的输出。

8.2.3　超管资源协作

　　Jira 超级管理员是精益看板落地的必要资源条件，方案在 Jira 平台上的转化落地，需要 Jira 超级管理员的协作。Jira 平台在众多企业中属于公共能力平台，该平台有专门的团队负责运营维护和承接定制需求。当业务方或项目方存在对接需求时，则涉及该资源的使用。

　　在获取组织探索认同后，即可对接 Jira 超级管理员进行初步沟通。一方面获取前人已实现过的精益看板方案供复用与参考，以尽可能提升方案设计的效率；另一方面同步后期的定制开发意向，提供预期时间，增强对方排期感知。

　　我们在与 Jira 超级管理员沟通精益看板时，对方有可能是首次接触这个概念，此时需要介绍精益看板的大致形态，提供基础形态认知。更好的方式是直接展示本书提供的精益看板方案样例并解读，供其大体了解。

　　Jira 超级管理员建立基础形态认知后，建议向其介绍精益看板的价值愿景和所在组织的重视程度，以获得 Jira 超级管理员的重视。

8.3　本章小结

　　本章首先对精益看板实现路径进行概述，随后对实现前需要开展的准备工作进行详细解读。组织认同是大多数新流程、新工具、新方法实施的前提条件，在实施前期获得相关理解与支持有利于整体工作的推进和开展。不同职能侧的参与能够让相关职能侧感受到重视，同时也会让职能侧感知这是集体的事情，从而增强协同推进的认同感。Jira 超级管理员是精益看板实现落地的必要资源条件，方案在 Jira 平台上的转化与落地需要 Jira 超级管理员的协作。

"开发"三步法的实施

Jira 精益看板的开发实现阶段可分为改造价值流状态、改造问题单内容和改造问题类型入口三步，可称为"开发"三步法。本章将介绍"开发"三步法的具体实施内容。

本章要介绍的内容如下。

❏ 改造价值流状态。

❏ 改造问题单内容。

❏ 改造问题类型入口。

9.1 改造价值流状态

价值流在生产制造领域通常是指为原材料转变为成品而赋予价值的所有活动。在软件研发工程领域，我们通常看到的典型看板所体现的价值流是从需求提出到产研测消化处理，并最终交付发布的所有活动。

我们看到的价值流基本是看板上所呈现的列状态，这些列状态的切分实际要遵循工作项的实际工作流状态，不同工作项有其对应的工作流和价值流。精益看板价值流设计实际为处理工作项的价值流设计。

9.1.1 需求价值流设计

1. Jira 敏捷看板的典型状态

通常情况下，Jira 平台主要采用 Epic 和故事二层结构进行需求管理。受到故事状态的自身限制,其在看板价值流映射上最多采用和故事工作流一致的状态,如图 9-1 所示。

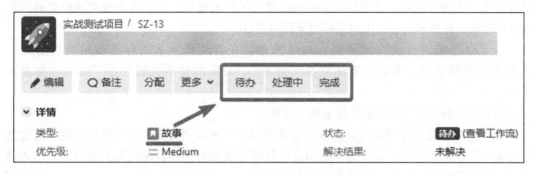

图 9-1 "故事"工作项的状态

在未进行看板(面板)配置的情况下,Jira 看板管理的默认价值流状态为"待办""处理中""完成",如图 9-2 所示。

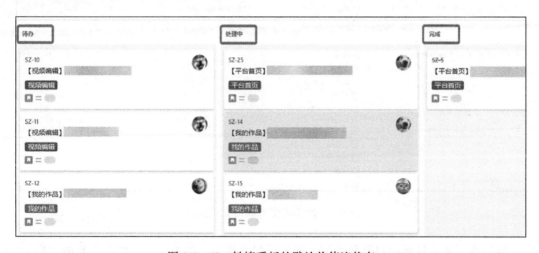

图 9-2 Jira 敏捷看板的默认价值流状态

Jira 敏捷看板的出现在一定程度上实现了需求管理的可视化,优化了团队协同协作的模式。在团队规模不断壮大发展的情况下,团队间针对协同工作项的高效透明流转成了更加迫切的诉求。Jira 敏捷看板的典型状态已无法满足产研测流程的具体状态或消化进度的跟踪需要。通过 Jira 敏捷看板中的"处理中"状态,我们无法判定对应的需求是处于产品处理中,还是开发处理中。不同的状态代表着差异化的协同配合要求和不同的交付预期。

2. 建立"需求"问题管理类型

以"故事"问题管理类型进行需求承载的工作流及敏捷看板价值流已无法满足价值流呈现要求。因为"故事"类型属于 Jira 平台通用工作项流程，所以若直接对该类型的价值流进行改造，将影响所有引用该工作项流程的项目。

为了便于需求价值流的定制，超级管理员在管理页面采用标准问题类型新建一个全新的问题类型，我们将其命名为"需求"。后续的价值流设计在"需求"类型上定制。

如下提供新建问题类型的操作示例，供参考。

第一步，以超级管理员身份进入 Jira 管理界面，进入"问题"管理模块下的"问题类型方案"管理页面，以项目关键字标识或项目名称找到目标项目的问题类型方案，然后单击该方案的"编辑"控件，如图 9-3 所示。

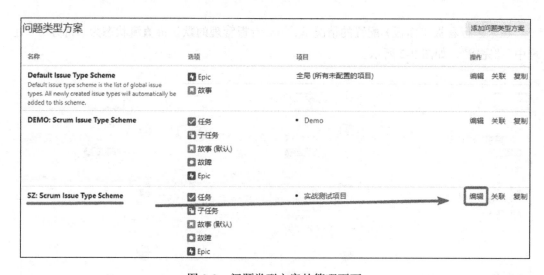

图 9-3 问题类型方案的管理页面

第二步，进入目标项目问题类型方案的编辑页面后，触发编辑页面右上角的"添加问题类型"控件，如图 9-4 所示。

第三步，在弹出的"添加问题类型"交互窗口，将选择"标准问题类型"的模式新建名称为"需求"的问题类型，如图 9-5 所示。

第四步，保存新建的"需求"问题类型。在该目标项目的问题类型方案选项中可以看到"需求"问题类型，如图 9-6 所示。新增的问题类型同样也会出现在默认问题类型方案的选型中。

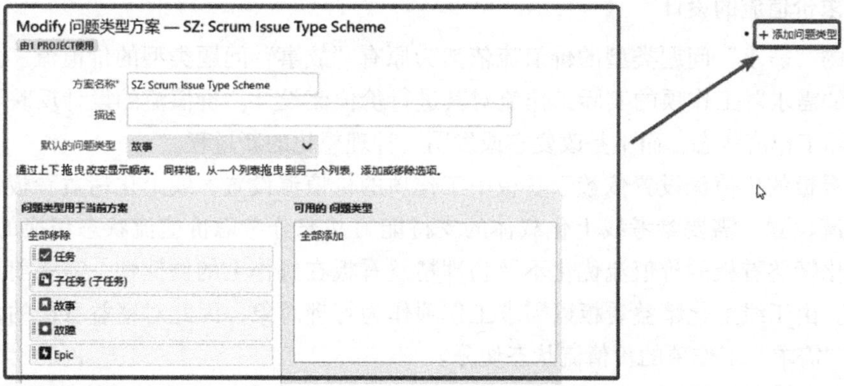

图 9-4 问题类型方案的编辑页面

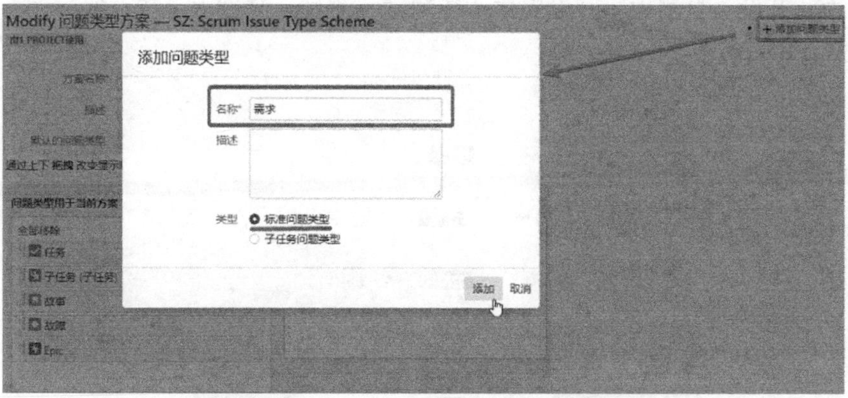

图 9-5 添加问题类型的交互窗口

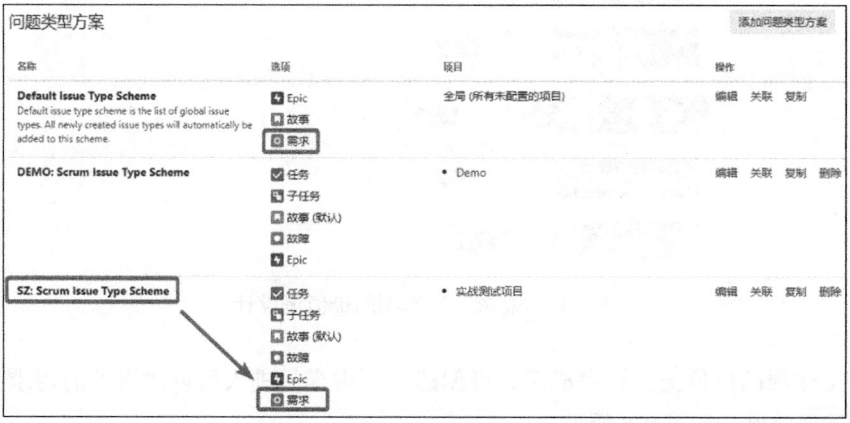

图 9-6 "需求"问题类型新增完成

3. 需求价值流的设计

新增的"需求"问题类型的价值流依然为原有"故事"问题类型的价值流。此时需要我们根据"需求"工作项的实际工作流对其进行价值流设计。价值流的设计反映了目标工作项的实际工作流状态，而不是改变它或发明一种理想化的新过程。

精益看板的价值流设置依赖于看板中工作项的价值流设置。线上化精益看板针对工作项的价值流设置，需要参考线上化载体的支持能力并充分考虑价值流状态切换的便捷性。基于线上化精益看板的价值流优化不及物理精益看板在操作上的便捷性，需要前期进行充分的考虑。由于线上化精益看板以需求工作项作为管理对象，因此对精益看板的价值流切分实际为"需求"工作项的价值流状态切分。

图 9-7 为笔者所属团队所采用的"需求"工作项的价值流设计。价值流的流转状态：需求 – 待评估→需求 – 产品设计中→需求 – 待评审→准备好 – 待开发→开发 – 设计中→开发 – 开发中→开发 – 自测中→开发完成 – 待测试 →测试 – 测试中→待上线→已上线 / 异常终止或打回。

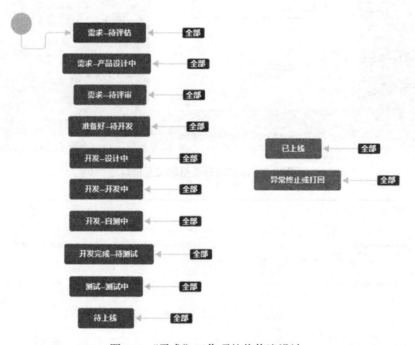

图 9-7 "需求"工作项的价值流设计

需求工作项的价值流设计完成后，可创建一个需求，进入所创建需求的需求详情页面验收最终呈现效果，如图 9-8 所示。

图 9-8 "需求"工作项的价值流效果

（1）起点与终点的设计

"需求"工作项的价值流设计以需求录入 Jira 为起点，即所有录入 Jira 的需求，都会直接进入"需求 – 待评估"状态。该状态代表所有需求都需要进行必要的评估，才能进入后续处理环节。

可视化的终点涉及两种不同的状态，分别为"已上线"和"异常终止或打回"。"已上线"代表需求已完成上线交付工作，满足使用或发布条件。需求在交付过程中并不是一帆风顺的，也会存在异常终止或打回的情况，如需求在"需求 – 待评估"环节因需求不合理而进行打回操作，故建立了"异常终止或打回"状态。

（2）产研测阶段的设计

价值流的整体设计需要产品人员、研发人员、测试人员的协同参与。以下为不同职能人员对价值流不同阶段的主导解读。

"需求 – 待评估→需求 – 产品设计中→需求 – 待评审"阶段的需求一般由产品侧主导；对于产品侧未参与的技术内部需求，由研发侧主导。

"准备好 – 待开发→开发 – 设计中→开发 – 开发中→开发 – 自测中"阶段的需求由研发侧主导。

"开发完成 – 待测试→测试 – 测试中→待上线→已上线"阶段的需求一般由测试侧主导；对于非测试参与的需求，由上一职能的经办人负责处理。

"异常终止或打回"阶段可出现在需求的任何阶段，没有指定具体的职能方。当需求转化为该状态时，建议处理方与需求的关联人进行沟通，避免意见不一致引发争执。

（3）协作边界的设计

产研测之间的协作边界须重点关注，不同职能间的顺畅衔接并建立明确的交付规则，有利于减少不合格过程产物在职能间的传递。协作边界的设计说明如表 9-1 所示。

表 9-1　协作边界的设计

协作边界类型	对应阶段	边界协作说明
产研测协作	需求 – 待评审	该阶段产品侧为协作主导方，指产研测三方须对产品侧输出的需求分析产物进行评审
产研协作	准备好 – 待开发	该阶段研发侧为协作主导方，此阶段产研双方对已经评审通过的需求进行交付优先级编排
研测协作	开发完成 – 待测试	该阶段测试侧为协作主导方，此阶段研发侧已完成自测并满足提测条件，待测试侧进行测试处理

（4）缓冲队列的设计

缓冲队列为限制在制品的重要措施，是有效防止单一职能过载的重要方法。产研之间、研测之间不是所有的过程交付都能得到后方职能的即时响应，实际在项目需求处理中也会出现排队等待的现象，缓冲队列的设计使等待现象实现了可视化。缓冲队列的设计说明如表 9-2 所示。

表 9-2　缓冲队列的设计

缓冲类型	对应阶段	缓冲说明
需求缓冲	需求 – 待评估	该阶段为需求初始状态，所有未经处理的需求皆处于此阶段，为原始需求池
研发缓冲	准备好 – 待开发	该阶段已具备后续开发条件，但因研发侧无闲置资源，无法及时处理，故进行等待缓冲
测试缓冲	开发完成 – 待测试	该阶段已具备测试执行条件，但因测试无闲置资源，无法及时处理，故进行等待缓冲
上线缓冲	待上线	该阶段已具备上线条件，但需要业务侧进行上线处理或等待其他需求一同上线，故进行等待缓冲

（5）状态自由转换的设计

通过图 9-7 可知，每个价值流状态的后侧都带有"全部"控件，并且有箭头从"全部"控件指向某个具体状态。该设计支持让所有的状态都转换到当前状态，旨在提升状态间切换的灵活性和便捷性。如果项目中存在需要即时响应处理的需求，需求在 Jira 平台中的填充滞后于需求处理，在需求填充后可快速切换到对应状态。如果存在需求颗粒度较小的情况，需求在一个工作日有历经多个阶段的可能性，可满足当日一次状态转换操作即可达到真实所处状态阶段。

（6）设计前后的价值流比对

新增的"需求"问题类型经设计后具有更细化的价值流状态，通过这些状态，我们可以掌握需求所处的阶段。表 9-3 是两种问题类型对应的价值流状态比对。

表 9-3 设计前后的价值流比对

问题类型	故事（系统自带问题类型）	需求（新增问题类型）
价值流状态	待办	需求 – 待评估
	处理中	需求 – 产品设计中
	完成	需求 – 待评审
	–	准备好 – 待开发
	–	开发 – 设计中
	–	开发 – 开发中
	–	开发 – 自测中
	–	开发完成 – 待测试
	–	测试 – 测试中
	–	待上线
	–	已上线
	–	异常终止或打回

需求价值流状态的有效切分为后续精益看板的打造奠定了基础。第 10 章将介绍如何运用这些价值流状态配置实现精益看板。

（7）需求价值流的状态解读

需求价值流状态体现了需求在实际处理过程中可能存在的真实工作流状态，如表 9-4 所示为需求价值流各阶段状态的解读。

表 9-4 需求价值流状态的解读

价值流状态	状态解读
需求 – 待评估	需求创建后的初始状态；已纳入 Sprint（可译为冲刺、迭代）但还未进入产品设计分析阶段的需求一般处于此状态；在需求精益看板实践中，处于积压工作区的需求基本处于此状态；待评估的需求需要进行合理性评估才能进入其他状态
需求 – 产品设计中	需求已通过需求评估环节且确认要进行交付，当前处于产品设计环节；需求在评审环节被打回重新优化设计也处于此状态

（续）

价值流状态	状态解读
需求 – 待评审	需求已完成产品设计，但需要产研测及需求关联方进行需求评审，待邀约进行评审操作
准备好 – 待开发	需求已通过评审，满足纳入后续开发条件；为排队等待开发的需求；该阶段可实现大需求的分解，以满足大需求在不同端（前端、服务端、数据端等）的联动呈现
开发 – 设计中	需求处于开发设计的阶段，该阶段可进一步实现大需求的分解补充
开发 – 开发中	需求处于代码编写的阶段
开发 – 自测中	需求已完成初步代码编写，当前处于研发人员对自身代码产物进行功能特性自测或结对互测阶段
开发完成 – 待测试	需求已通过研发人员自测且已修复自测过程中发现的问题，当前已满足交付给测试人员进行测试；为排队等待测试的需求；状态名也可设计为"测试 – 待测试"
测试 – 测试中	需求正处于测试人员进行测试验证的阶段
待上线	需求已完成验证且满足后续上线需要的阶段
已上线	需求已完成最终上线交付，相关功能特性已满足使用 / 试用条件
异常终止或打回	需求在任何阶段发生异常而终止处理的对应状态；对应的状态密集出现在"需求 – 待评估"工作之后，如"需求 – 待评估"状态的需求在经历评估后会否决非合理性的需求或打回给需求输出人员补充更多信息

4. 新增价值流状态的操作步骤

第一步，以超级管理员身份进入 Jira 管理界面，如图 9-9 所示。进入"问题"管理模块下的"工作流"管理页面，单击页面右上角"添加工作流"，在弹出的"添加工作流"窗口输入工作流名称，如图 9-10 所示。

图 9-9 添加工作流的入口

图 9-10 添加工作流窗口

第二步，系统界面将自动跳转至新命名对应工作流的设计页面。在设计页面单击"添加状态"，输入状态名称，完成指定状态的添加。每次添加状态时，皆须勾选"让所有的状态转换到这状态"，如图 9-11 所示。

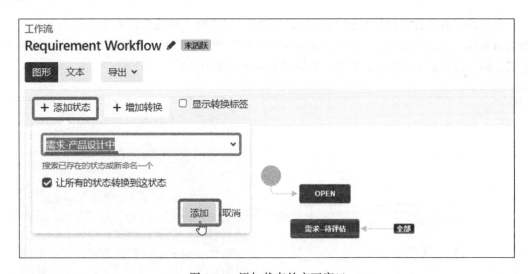

图 9-11 添加状态的交互窗口

这里我们需要依次触发若干次"添加状态"，用于完成所有需求价值流状态的添加。请严格按照需求价值流状态的前后顺序（需求 – 待评估、需求 – 产品设计中、需求 – 待评审、准备好 – 待开发、开发 – 设计中、开发 – 开发中、开发 – 自测中、开发完成 – 待测试、测试 – 测试中、待上线、已上线、异常终止或打回）依次添加状态，最终添加效果如图 9-12 所示。

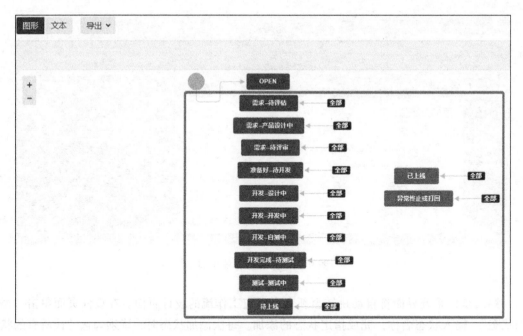

图 9-12　需求价值流状态添加后的效果

第三步，在工作流设计页面实现状态类别的优化调整。如图 9-13 所示，进入指定状态的编辑窗口，调整状态类别，确保"需求 – 待评估"状态处于待办类别，"已上线、异常终止或打回"两种状态处于完成类别，其他状态处于处理中类别。

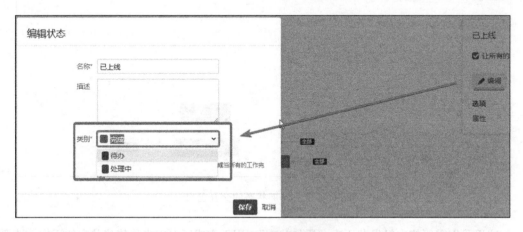

图 9-13　状态类别的选择

第四步，在工作流设计页面切换"Create"的目标状态为"需求 – 待评估"。如图 9-14 所示，把鼠标光标移至"Create"的线条区域，拖曳实线至"需求 – 待评估"状态，随后将会出现如图 9-15 所示的"确认编辑转换"窗口，单击"保存"。我们需要选中"Open"
状态，对该状态实施删除操作，如图 9-16 所示。

图 9-14　鼠标光标移至"Create"线条区域

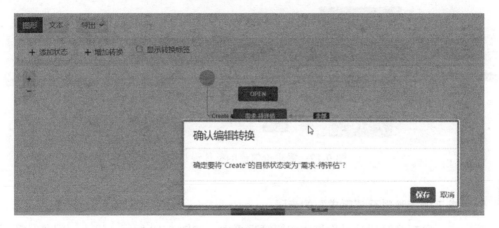

图 9-15　确认编辑转换窗口

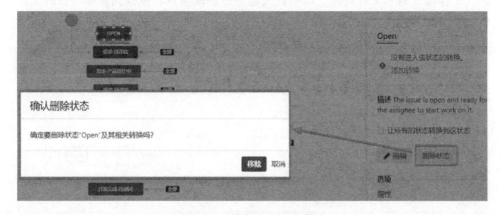

图 9-16　删除"Open"状态

第五步，经过上述操作，我们完成了需求价值流的整体设计，效果如图 9-17 所示。

图 9-17　需求价值流的整体设计效果

5. 需求工作流映射至"需求"的步骤

第一步，以超级管理员身份进入 Jira 管理页面，如图 9-18 所示，进入"问题"管理模块下的"工作流方案"管理页面，以项目关键字标识或项目名称找到目标项目的工作流方案，然后单击该方案的"编辑"控件。

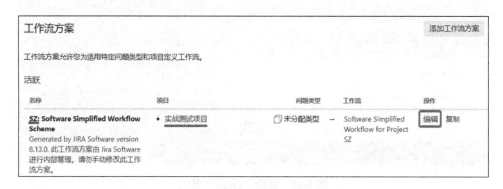

图 9-18　工作流方案管理页面

　　第二步，进入目标项目的工作流方案管理页面，如图 9-19 所示，单击页面右上角的"添加工作流"，随后选择"添加现有"，弹出如图 9-20 所示的"添加存在的工作流"窗口。在此窗口中选择我们在上文所创建的工作流"Requirement Workflow"，单击"下一步"。在弹出的分配问题类型的操作窗口中选中"需求"，如图 9-21 所示。

图 9-19　目标项目的工作流方案管理页面

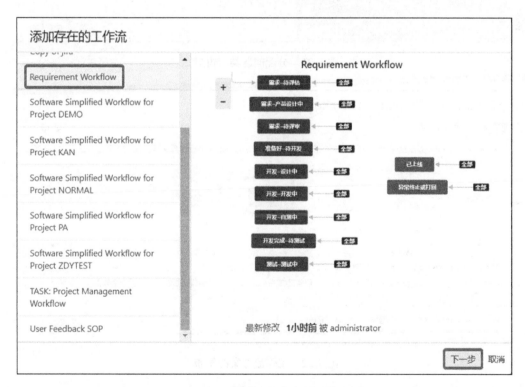

图 9-20　选择添加存在的工作流

　　第三步，完成分配问题类型的操作后，可以看到该项目工作流方案的工作流列表区域已新增了我们的目标工作流，如图 9-22 所示。此时单击"发布"，工作流方案才可正式生效。

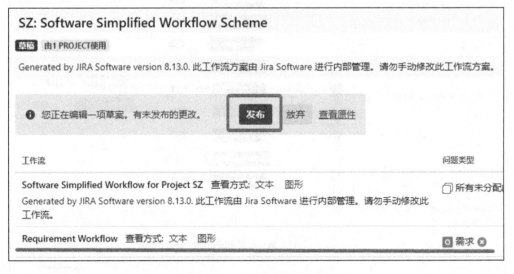

图 9-21　分配问题类型窗口

图 9-22　工作流方案的发布

　　发布生效后，我们可以进入该项目"项目设置"管理页面的问题类型区域，查看"需求"问题类型，检查对应的工作流是否生效，如图 9-23 所示。

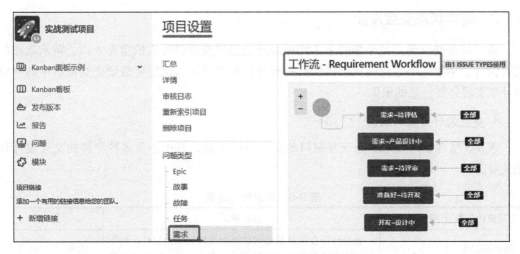

图 9-23　需求问题类型所采用的工作流

　　生效后的需求工作流在"需求"类型问题详情页面的工作流可视化效果如图 9-24 所示。

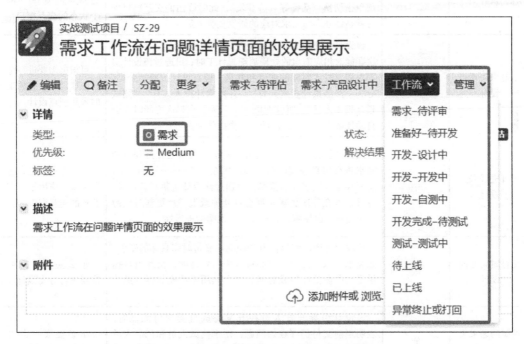

图 9-24　需求工作流在问题详情页面的效果

9.1.2 需求状态交互设计

需求状态交互窗口是采集需求工作项处理信息和变更经办人的重要入口。需求状态的交互设计，不仅需要考虑到状态间切换的灵活性及便捷性，也需要借助交互窗口中的字段设计以实现必要信息的采集。

1. 交互设计分类与解读

表 9-5 呈现了对需求状态交互窗口的交互设计思路，其中涉及多种分类的交互设计和相关解读。

表 9-5　交互设计分类

交互设计分类	重要优先级	设计解读	备注
跨状态交互设计	高	该设计旨在提升状态间切换的灵活性和便捷性。如项目中存在需要即时响应的需求，在 Jira 平台中的填充滞后于需求处理，在需求填充后可快速切换到对应状态	所有状态间可自由切换
经办人转换设计	高	该设计旨在满足需求在不同职能部门间协作流转时，在对应状态提供入口，可直接变更需求的经办人。如需求从"需求-待评审"流转到"准备好-待开发"时，须单击切换"准备好-待开发"，此时弹出的交互窗口支持调整经办人为需求对应的研发负责人员	出现在"准备好-待开发""开发完成-待测试"两个状态的交互窗口
工时采集埋点设计	中	该设计用于产研测职能侧在对应职能处理阶段记录所属职能对相应需求的处理消耗累计工时；可通过该设计实现对需求投入时间的度量和复盘；埋点设计按职能分类，分为"产品累计投入人日""开发累计投入人日""测试累计投入人日"，具体职能的工时采集在每次更新时都会自动加载上一次更新时的工时数据作为参考	可根据需要进行全状态或局部状态的工时采集埋点设计
每日进展采集设计	中	该设计旨在满足部分团队对处于产研测处理过程中的需求进行每日进展跟踪；如需求在"开发-开发中"状态时存在开发多日的情况，可通过此设计采集每日进展；每日进展在每次更新时都会自动加载上一次更新对应的填充信息，以保障每日进展采集说明的连贯性	每日进展可作为通用采集，应用于所有状态的交互窗口
交付时间导向设计	低	该设计为产研测提供自身职能侧交付时间目标的牵引，如需求切入"需求-产品设计中"状态时，交互窗口提供了"产设预计完成时间"文本框用于填充目标日期的导向数据	非必要设计，可按需进行导向设计
遗漏问题采集设计	低	该设计引导开发人员在开发完成自测交付测试时，表明当前交付仍存在的问题，便于测试人员和产品人员有所了解，在测试交付时规避相关风险；与交付测试构建报告存在一定重叠	非必要设计，可按需进行采集设计
解决版本号设计	低	该设计旨在引导需求上线前实现需求对应版本号的映射关联	非必要设计，可按需进行采集设计

2. 状态交互窗口的具体设计

（1）"需求 – 待评估"状态的交互窗口设计

如图 9-25 所示，"需求 – 待评估"状态的交互窗口为需求初始状态对应的交互窗口，对应的交互窗口在实际需求处理过程触发的频次整体偏低，在设计时只新增了"每日进展"字段，对应文本框类型为文本框（多行）类型；"备注"字段是交互窗口系统默认存在的字段，无须额外添加。"每日进展"与"备注"是所有状态的交互窗口都存在的字段。单击交互窗口右下角的"需求 – 待评估"按钮，实现对应状态转换、数据保存及交互窗口的自动关闭。交互窗口右下角的"取消"按钮为交互窗口的系统默认按钮，无须额外添加。

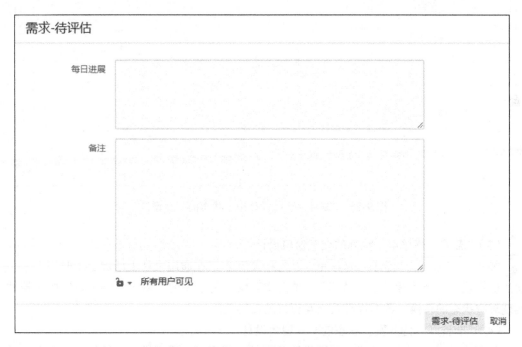

图 9-25　"需求 – 待评估"状态的交互窗口

"每日进展""备注"和"取消"字段或按钮会出现在需求价值流所有状态的交互窗口中，我们可称之为交互窗口的"通用设计"，后文将不再赘述其他交互窗口的通用设计内容。

（2）"需求 – 产品设计中"状态的交互窗口设计

如图 9-26 所示，"需求 – 产品设计中"状态的交互窗口在通用设计上增加了交付时间导向和工时采集埋点，分别为"产设预计完成时间""产品累计投入人日"。"产设预计完成时间"对应的字段类型为日期选择器类型，"产品累计投入人日"对应的字段类型为文本框（单行）类型；单击交互窗口右下角的"需求 – 产品设计中"按钮后，实现对应状态的转换、数据保存及交互窗口的自动关闭。

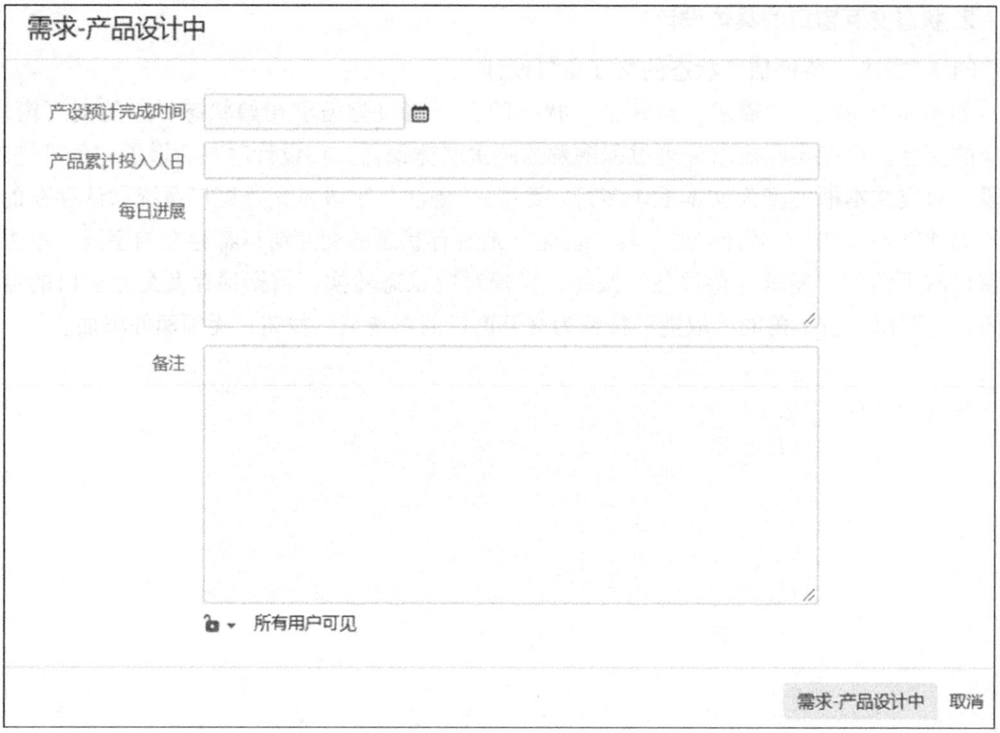

图 9-26 "需求 – 产品设计中"状态的交互窗口

（3）"需求 – 待评审"状态的交互窗口设计

如图 9-27 所示，"需求 – 待评审"状态的交互窗口在通用设计上增加了工时埋点采集，使用的字段为"产品累计投入人日"。单击交互窗口右下角的"需求 – 待评审"按钮控件，实现对应状态的转换、数据保存及交互窗口的自动关闭。

（4）"准备好 – 待开发"状态的交互窗口设计

如图 9-28 所示，"准备好 – 待开发"状态的交互窗口在通用设计上增加了经办人转换、工时采集埋点、交付时间导向。经办人转换使用的字段为"经办人"字段，"经办人"字段为系统已有字段，无须额外添加，可通过该字段实现需求向研发成员传递。工时采集埋点使用的字段为"产品累计投入人日"，当前状态为产品侧往开发职能交付的重要节点，产品侧可利用"产品累计投入人日"字段记录对应需求在产品侧的累计投入时间。

交付时间导向使用的字段为"产设实际完成时间""产品期望上线时间"，两个字段皆为日期选择器类型。"产设实际完成时间"与"需求 – 产品设计中"状态交互窗口中的"产设预计完成时间"相呼应。"产品期望上线时间"为产品侧关于该需求的交付上线期望日期，该字段的填充有助于需求开发的优先级编排。单击交互窗口右下角的"准备好 – 待开发"按钮，实现对应状态的转换、数据保存及交互窗口的自动关闭。

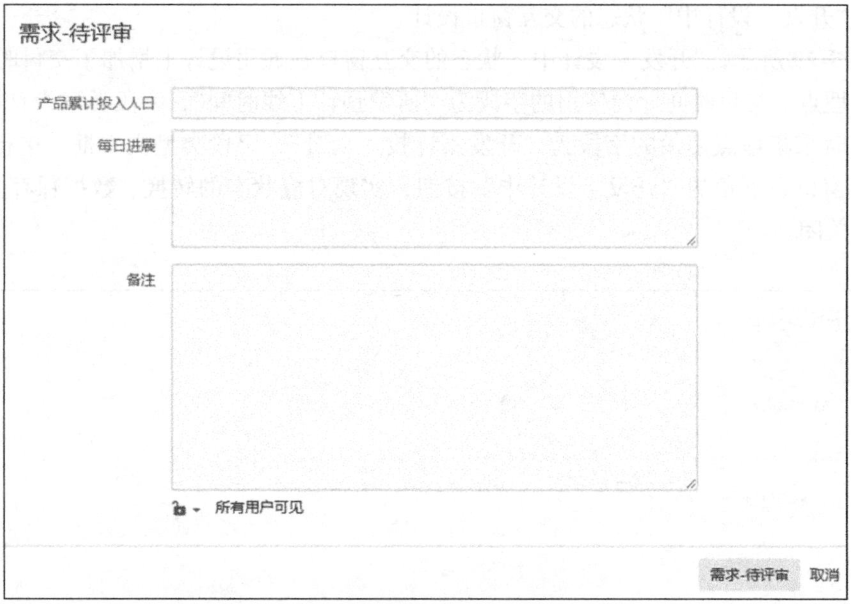

图 9-27 “需求 – 待评审”状态的交互窗口

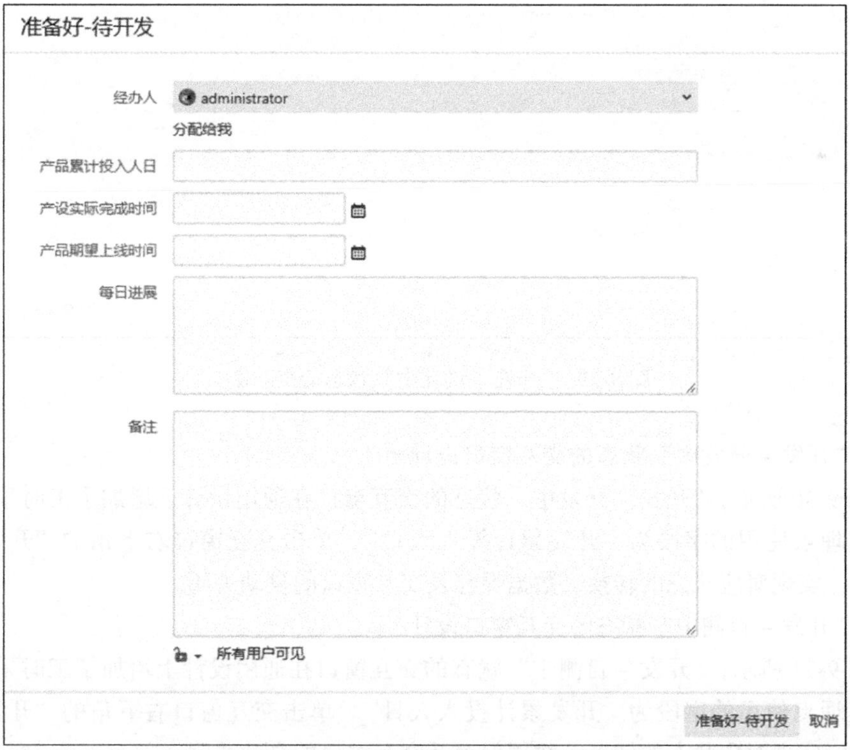

图 9-28 “准备好 – 待开发”状态的交互窗口

（5）"开发 – 设计中"状态的交互窗口设计

如图 9-29 所示，"开发 – 设计中"状态的交互窗口在通用设计上增加了交付时间导向、工时采集埋点。交付时间导向使用的字段为"研发预计上线时间"，字段类型为日期选择器类型。工时采集埋点使用的字段为"开发累计投入人日"，字段类型文本框（单行）类型。单击交互窗口右下角的"开发 – 设计中"按钮，实现对应状态的转换、数据保存及交互窗口的自动关闭。

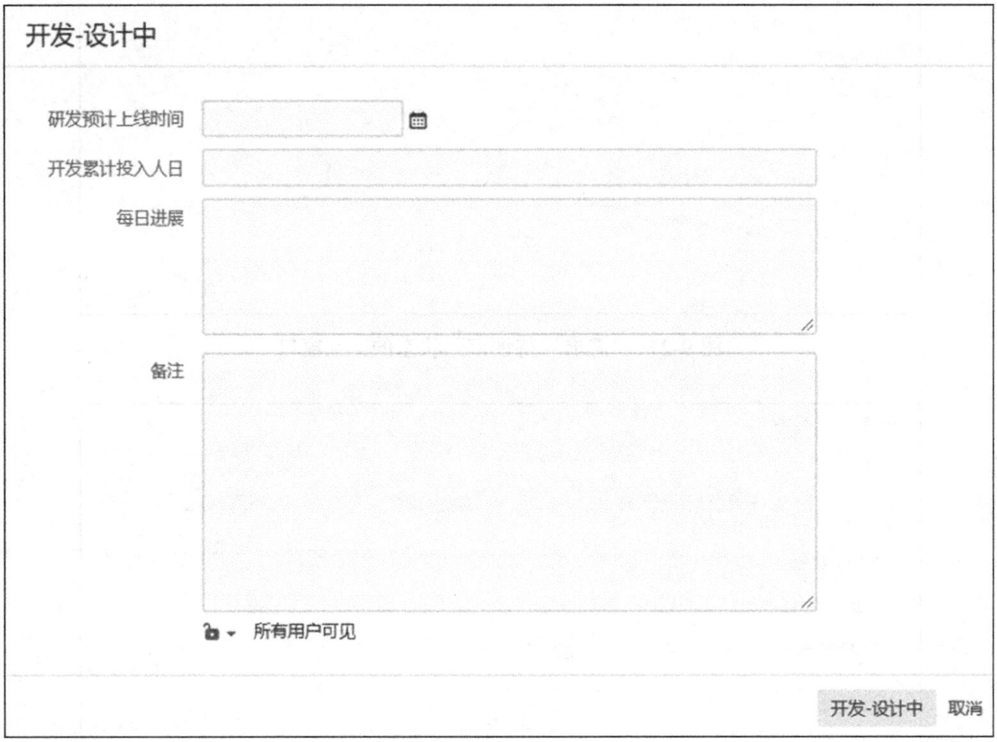

图 9-29 "开发 – 设计中"状态的交互窗口

（6）"开发 – 开发中"状态的交互窗口设计

如图 9-30 所示，"开发 – 开发中"状态的交互窗口在通用设计上增加了工时采集埋点。工时采集埋点使用的字段为"开发累计投入人日"。单击交互窗口右下角的"开发 – 开发中"按钮，实现对应状态的转换、数据保存及交互窗口的自动关闭。

（7）"开发 – 自测中"状态的交互窗口设计

如图 9-31 所示，"开发 – 自测中"状态的交互窗口在通用设计上增加了工时采集埋点。工时采集埋点使用的字段为"开发累计投入人日"。单击交互窗口右下角的"开发 – 自测中"按钮，实现对应状态的转换、数据保存及交互窗口的自动关闭。

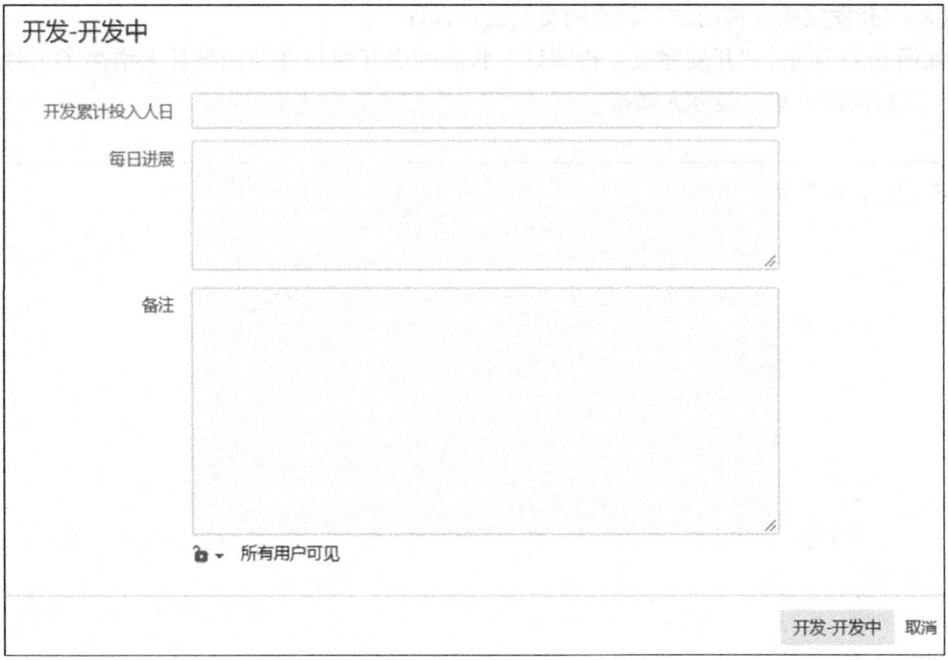

图 9-30 “开发 – 开发中”状态的交互窗口

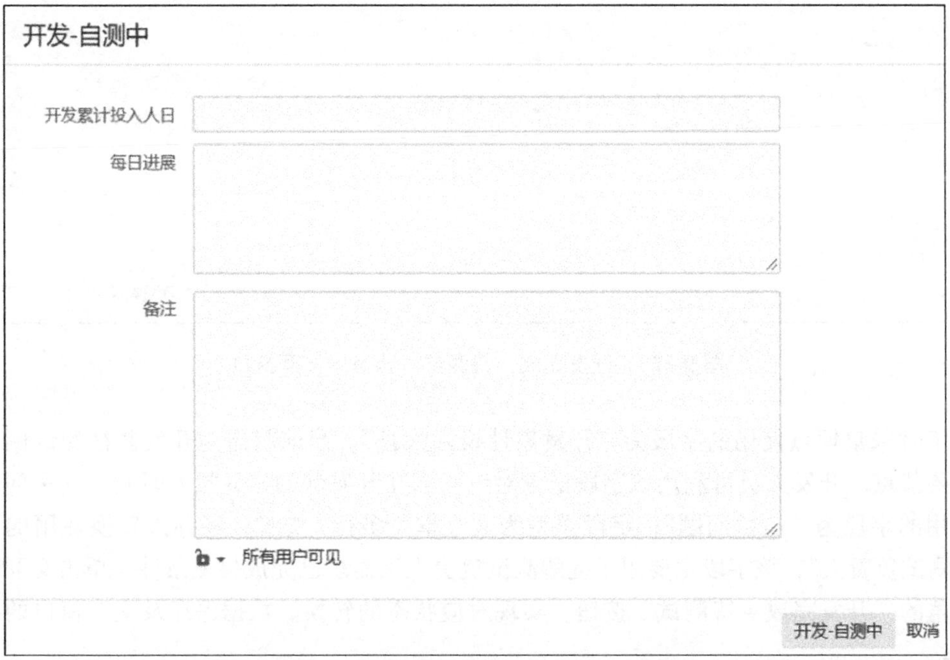

图 9-31 “开发 – 自测中”状态的交互窗口

（8）"开发完成－待测试"状态的交互窗口设计

如图 9-32 所示，"开发完成－待测试"状态的交互窗口在通用设计上增加了工时采集埋点、遗留问题采集、经办人转换。

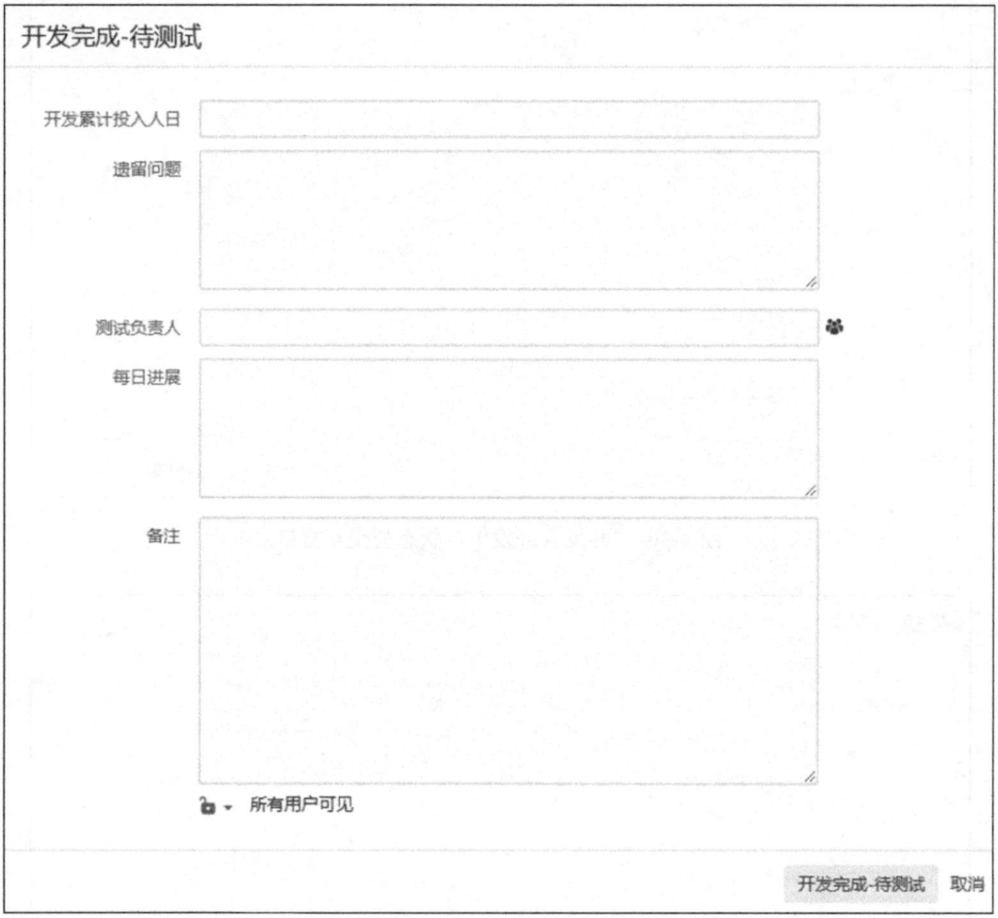

图 9-32　"开发完成－待测试"状态的交互窗口

工时采集埋点使用的字段为"开发累计投入人日"，当前状态为开发侧往测试侧交付的重要节点，开发人员可利用该字段记录对应需求在开发侧的累计投入时间。遗留问题采集使用的字段为"遗留问题"，字段类型为文本框（多行）类型；经办人转换使用的字段为"测试负责人"，该字段主要用于提醒测试负责人该需求已完成提测条件。单击交互窗口右下角的"开发完成－待测试"按钮，实现对应状态的转换、数据保存及交互窗口的自动关闭。

（9）"测试 – 测试中"状态的交互窗口设计

如图 9-33 所示，"测试 – 测试中"状态的交互窗口在通用设计上增加了经办人转换、工时采集埋点。

图 9-33 "测试 – 测试中"状态的交互窗口

经办人转换使用的字段为"经办人"，经办人为需求的实际测试人员或测试负责人。工时采集埋点使用的字段为"测试累计投入人日"，字段类型为文本框（单行），该字段用于填充测试侧在此需求上已消耗的累计投入时间。单击交互窗口右下角的"测试 – 测试中"按钮，实现对应状态的转换、数据保存及交互窗口的自动关闭。

（10）"待上线"状态的交互窗口设计

如图 9-34 所示，"待上线"状态的交互窗口在通用设计上增加了工时采集埋点、解决版本号。

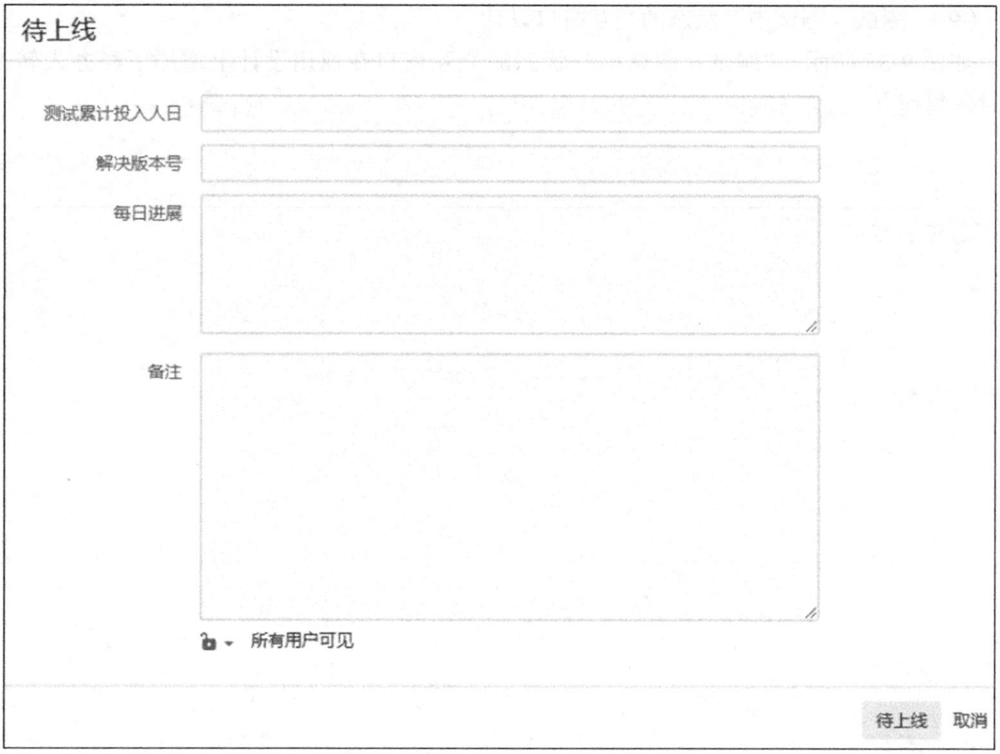

图 9-34　"待上线"状态的交互窗口

工时采集埋点使用的字段为"测试累计投入人日"，当前状态为测试侧完成交付的重要节点，测试侧可利用该字段记录对应需求在测试侧的累计投入时间。解决版本号使用的字段为"解决版本号"，使用该字段可关联需求最终交付的对应版本号。单击交互窗口右下角的"待上线"按钮，实现对应状态的转换、数据保存及交互窗口的自动关闭。

（11）"已上线"状态的交互窗口设计

如图 9-35 所示，"已上线"状态的交互窗口在通用设计上增加了交付时间导向、工时采集埋点。

交付时间导向使用的字段为"部署实际上线时间"，字段类型为日期选择器，用于记录该需求实际的上线时间，可用于需求前置时间的度量。工时采集埋点使用的字段为"产品累计投入人日""开发累计投入人日""测试累计投入人日"，当前状态的交互窗口包含了工时采集埋点所涉及的所有字段，旨在实现产研测工时投入数据的概览并支持必要的修正。单击交互窗口右下角的"已上线"按钮，实现对应状态的转换、数据保存及交互窗口的自动关闭。

（12）"异常终止或打回"状态的交互窗口设计

如图 9-36 所示，"异常终止或打回"状态的交互窗口在通用设计上增加了工时采集埋点。

图 9-35 "已上线"状态的交互窗口

工时采集埋点使用的字段为"产品累计投入人日""开发累计投入人日""测试累计投入人日",当前状态的交互窗口包含了工时采集埋点所涉及的所有字段,支持收集和修正异常终止或打回需求上所投入的产研测工时数据。单击交互窗口右下角的"异常终止或打回"按钮,实现对应状态的转换、数据保存及交互窗口的自动关闭。

3. 状态交互窗口的生成示例

因为状态交互窗口较多,且设计实现生成的步骤相似度较高,所以此处选取"准备好 – 待开发"的交互窗口来介绍状态交互窗口的生成步骤。

第一步,由于交互窗口含有的部分字段不是系统自带字段,因此需要 Jira 超级管理员进入"问题"管理模块下的"自定义字段"管理页面,单击页面右上角的"自定义域"控件,在弹出的窗口中添加自定义字段,如图 9-37 所示。

图 9-36 "异常终止或打回"状态的交互窗口

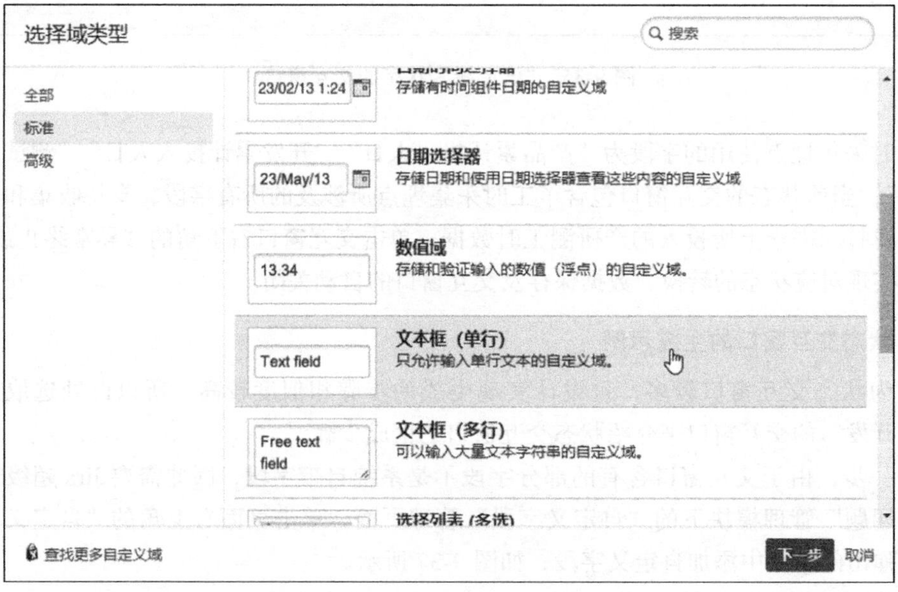

图 9-37 自定义字段的添加窗口

　　第二步，当自定义字段添加完成后，进入"界面"管理页面，单击"添加屏幕"，弹出"添加屏幕"窗口，如图 9-38 所示。为提高页面（屏幕）的辨识度，我们把屏幕名称命名为"准备好 – 待开发交互窗口"。

图 9-38　添加页面（屏幕）窗口

　　添加完成后，系统自动跳转至配置页面，如图 9-39 所示。在配置页面选择需要显示的字段，字段的顺序即为交互窗口上显示字段的顺序。

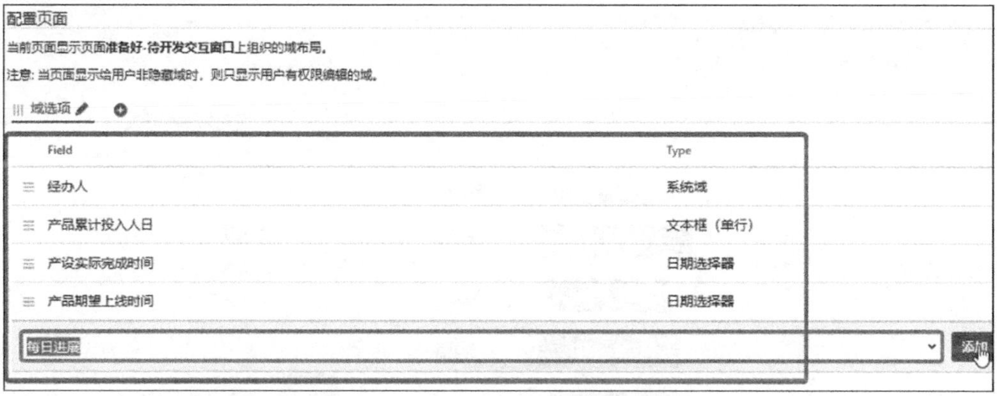

Field	Type
经办人	系统域
产品累计投入人日	文本框（单行）
产设实际完成时间	日期选择器
产品期望上线时间	日期选择器

图 9-39　配置页面选择添加字段

　　第三步，进入"工作流"管理页面，如图 9-40 所示，找到目标工作流，进入编辑页面。
　　第四步，在编辑页面选中"准备好 – 待开发"后方的箭头，可以看到如图 9-41 所示的窗口，在该窗口单击"编辑"按钮。

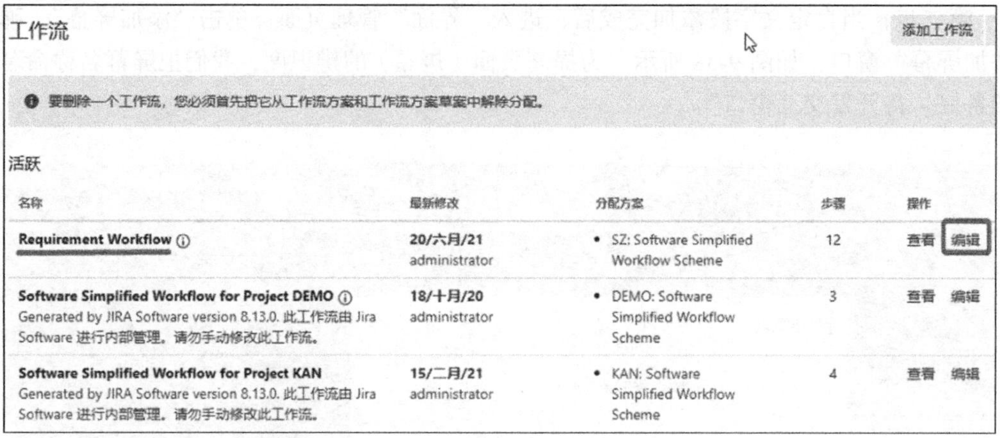

图 9-40 "工作流"管理页面

图 9-41 选中转换箭头区域的效果

第五步，在新弹出的"编辑转换"窗口中选择前文定义的"准备好 – 待开发交互窗口"界面，如图 9-42 所示。随后在工作流编辑页面单击"发布"按钮发布工作流。

至此，"准备好 – 待开发"状态的交互窗口已落地生效，其可视化效果如图 9-43 所示。

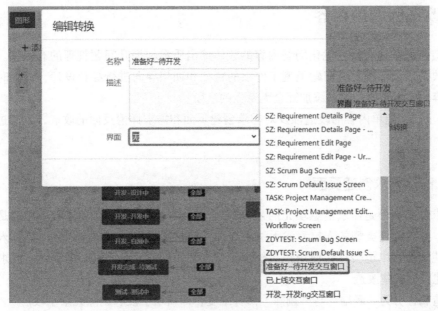

图 9-42　实现所定义界面的选取

准备好-待开发

经办人	administrator
	分配给我
产品累计投入人日	
产设实际完成时间	
产品期望上线时间	
每日进展	
备注	

🔒 ▾ 所有用户可见

准备好-待开发　取消

图 9-43　"准备好 – 待开发"交互窗口的效果

9.2 改造问题单内容

改造问题单内容旨在优化问题内容的整体输出质量和提升问题管理的有效性。问题单的具体改造需要依据对应问题类型工作项的特征和期望导向进行综合设计，设计时须重视改造内容的实用价值，切忌添加冗余无意义的字段。

"需求"问题单内容的改造涉及对需求创建页面和需求详情页面的改造，本节进行详细解读。

9.2.1 改造需求创建页面

需求创建页面是需求信息填充的入口，因"需求"问题类型在创建时采用的是标准问题类型，标准问题类型的入口元素无法更立体、完整地呈现需求内容，同时原有入口元素在实际使用过程中也会存在使用频次较少甚至无法用到的冗余元素，需要对"需求"问题类型创建页面实施改造。

改造属性分为"新增"与"剔除"两种维度，即新增字段和剔除冗余字段。

1. 新增定制所需字段

需求创建页面新增定制的字段元素，如表 9-6 所示。

表 9-6　新增定制所需字段

改造属性	字段名称	字段类型	归属导向	建议必填与否
新增	价值类型	选择列表（单选）	价值导向	是
	价值量化	文本框（单行）	价值导向	是
	所属业务线	选择列表（单选）	业务导向	是
	需求来源方	选择列表（单选）	来源导向	是
	需求来源人	选择用户（单选）	来源导向	否
	需求期望上线时间	日期选择器	时间导向	否
	产品负责人	选择用户（单选）	责任导向	否
	开发负责人	选择用户（单选）	责任导向	否

如下对新增字段进行逐一解读。

（1）价值类型

价值类型为选择列表（单选），提供价值类型供选择，根据需求所属的业务价值特点，选择相应的价值类型即可。图 9-44 提供了一种选择项分类参考，分别为节省时间、增加收入、优化体验、扩展资源、架构优化、问题排查、技术支持、技术联动、节省资源等分类。

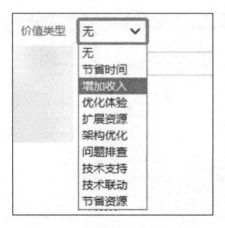

图 9-44 价值类型的选择项分类

（2）价值量化

价值量化为文本框（单行）类型，可通过填充文字说明传递需求更具象的价值量化信息。价值量化的文本框下方可根据需要增加书写示例，便于需求创建者按相同语境模式阐述价值量化内容。如图 9-45 所示为价值量化字段设计后的呈现效果。

价值量化

图 9-45 价值量化的呈现效果

价值导向的意义

❑ 精益看板最重要的目标是实现可视化价值流。价值流不止是需求在各个环节的流动转化，还需要从源头强调需求的价值。通过需求的价值类型和价值量化的透明化呈现和传递，可让所有与需求关联的人员知悉需求的实际业务价值，有助于增强后方职能团队的交付认同感和对自身工作的认同。

❑ 有助于通过需求价值进行更有利于业务发展的需求排期。产研测可根据需求价值量化进行更有效的排期，降低需求选择的决策难度，提升从众多繁杂需求中甄别需求进行排期的效率。同时因价值量化字段的存在，从产品侧输出每周需求进展，有助于上级领导了解需求的价值和意义。

❑ 可通过仪表盘分析工具，对周期内的需求进行价值类型维度的分析与统计，更好地摸底需求的分布情况。甚至可以进行必要的投入产出复盘，进一步指导后续的优化工作。图 9-46 所示为周期内某项目已交付需求的价值类型分布。

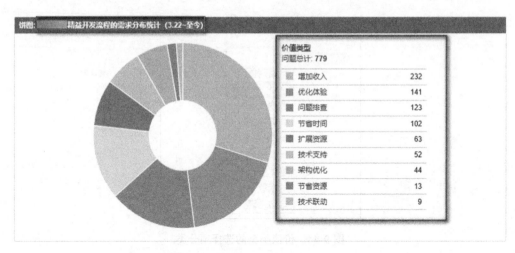

图 9-46 需求的价值类型分布示例

（3）所属业务线

所属业务线为选择列表（单选）类型，提供业务线供选择，需求创建者根据需求所属业务线进行准确的选择。下拉选择框的具体选项根据实际项目情况进行字典选项设计。所属业务线适用于多个业务共用一个 Jira 项目的场景，其他场景按需评估使用。如当 Jira 项目只对应 1 个业务，且这个业务下有多个产品线时，也可以参照类似思路设计新增"所属产品线"。图 9-47 为所属业务线字段的呈现效果。

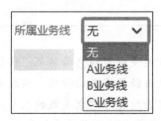

图 9-47 所属业务线的呈现效果

业务导向的意义

- ❑ 通过所属业务线字段的选择，可以解决多个业务线需求大杂烩造成业务线需求管理困难的问题。如选择 A 业务线，则需求创建完成后，该需求会直接进入 A 业务线需求精益看板的"积压工作"中。
- ❑ 当前精益看板主要依据所属业务线字段进行看板引用筛选器的创建。业务线选择必须准确，否则会出现创建的需求在目标业务线中找不到的情况。如果业务线选择错误，可通过编辑进行调整。

❑ 可通过仪表盘分析工具，对周期内的需求进行业务线维度的分析与统计，相关主管可查看整个业务部需求在所有业务线下的分布情况。图 9-48 所示为某项目正在研测阶段的需求所属业务线分布。

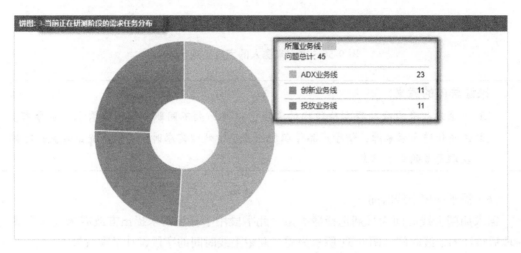

图 9-48　需求的所属业务线分布示例

（4）需求来源方

需求来源方为选择列表（单选）类型，用于管理需求来自哪个职能团队。下拉选择框的具体选择项根据实际项目情况进行设计，图 9-49 所示为需求来源方的参考示例。

图 9-49　需求来源方的呈现参考示例

（5）需求来源人

需求来源人选择用户（单选）类型，用于指定需求提出者，图 9-50 所示为需求来源人的字段呈现效果。

需求来源人 [   ] 👥

图 9-50　需求来源人的字段呈现效果

来源导向的意义

❑ 可通过仪表盘分析得到阶段内的需求，以及面向不同职能团队的需求数量分布。

❑ 透明传递需求来源，便于产品等职能侧在后续处理需求时，与需求提出者直接对接获取更多的需求信息。

（6）需求期望上线时间

需求期望上线时间为日期选择器类型，此字段用于标识需求提出方或需求进入产研测阶段后预计的上线时间。图 9-51 所示为需求期望上线时间的字段设计呈现效果。

需求期望上线时间 [   ] 📅

图 9-51　需求期望上线时间的字段呈现效果

时间导向的意义

此字段设计为选填字段。填写后可为后期纳入排期提供较好的参考决策维度。此字段可展示在需求精益看板的需求便签上。进入研测阶段，产品人员对此字段进行必要的维护，可引导研测团队如期交付。

（7）产品负责人、开发负责人

产品负责人、开发负责人皆为选择用户（单选）类型，在创建需求时，若对应需求已获知具体的处理人，可在这两个字段选择具体的处理人。若对应需求尚未确认产研人员，可以填写需求所在方向的产品经理或开发组长。如图 9-52 所示为产品负责人、开发负责人的字段呈现效果。

产品负责人 [   ] 👥
开发负责人 [   ] 👥

图 9-52　产品负责人、开发负责人的字段呈现效果

责任导向的意义

需求在状态流转时，一般会涉及变更经办人。通过"产品负责人"和"开发负责人"两个字段标识需求具体的处理人员，从而减少从需求变更活动记录寻找具体处理人员的成本。

2. 剔除已有冗余字段

剔除已有冗余字段实现进一步精简问题单内容的填充项，减少非必要字段元素的干扰和提升需求创建者的效率。表 9-7 提供了剔除已有冗余字段的相关说明。

表 9-7　剔除已有冗余字段

改造属性	字段名称	删除原因解读
剔除	模块	使用 Epic 替代模块，减少冗余
	修复的版本	需求创建时无法预知修复版本，使用率低
	标签	项目实际使用过程中使用率低

剔除冗余字段是指把冗余字段从问题创建内容界面中剔除，不再显示。而非在 Jira 管理员操作后台把对应字段删除。剔除需求问题创建页面的某字段时，不应影响该字段在其他类型问题创建页面上显示。

3. 需求创建页面效果示例

图 9-53 是需求创建页面的最终改造效果。为实现图示效果，不仅需要新增定制所需字段和剔除已有冗余字段，也需要重新对字段元素的位置进行调整。

调整字段元素位置能够提升需求创建填充信息时的条理性和易用性。如"价值类型"字段和"价值量化"字段紧跟在"概要"字段之后，引导需求创建者在创建需求时，考虑并填充对应需求的价值。需求创建页面中所有字段元素的排列顺序可参照图 9-53 实现。

4. 需求创建页面的生成步骤示例

第一步，以超级管理员身份进入 Jira 管理界面，进入"问题"管理模块下的"界面"管理页面，通过项目关键字找到目标项目" Scrum Default Issue Screen"界面记录。随后单击对应记录后方的"复制"按钮。为便于有效区分复制后的页面，我们将其命名为 SZ: Requirement Creation Page，如图 9-54 所示。

第二步，在"界面"管理页面可以看到复制后的" SZ: Requirement Creation Page"界面记录，如图 9-55 所示。随后单击该界面记录后方的"配置"按钮进入配置页面，在配置页面新增自定义字段、剔除冗余字段并调整字段顺序，如图 9-56 所示。

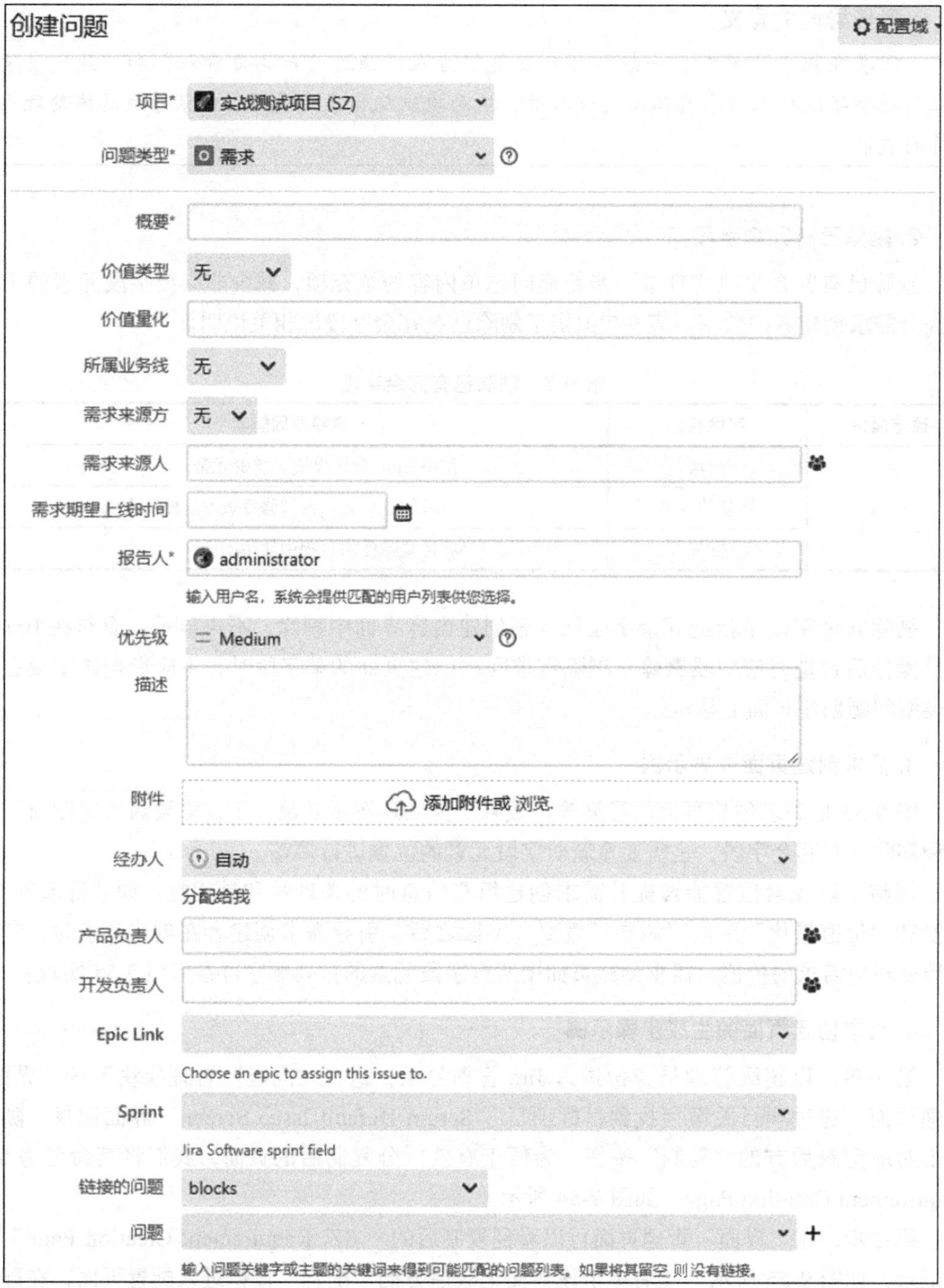

图 9-53 需求创建页面改造效果图

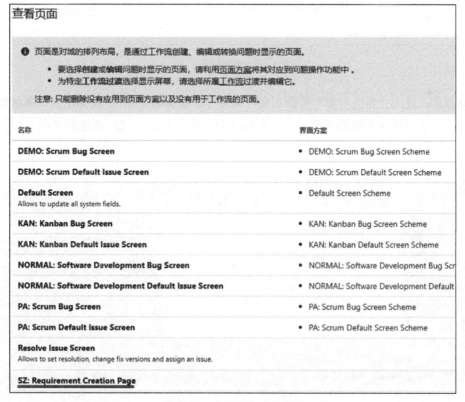

图 9-54　界面复制的命名窗口

查看页面

ℹ️ 页面是对域的排列布局,是通过工作流创建、编辑或转换问题时显示的页面。

- 要选择创建或编辑问题时显示的页面,请利用页面方案将其对应到问题操作功能中。
- 为特定工作流过渡选择显示屏幕,请选择所属工作流过渡并编辑它。

注意:只能删除没有应用到页面方案以及没有用于工作流的页面。

名称	界面方案
DEMO: Scrum Bug Screen	• DEMO: Scrum Bug Screen Scheme
DEMO: Scrum Default Issue Screen	• DEMO: Scrum Default Screen Scheme
Default Screen Allows to update all system fields.	• Default Screen Scheme
KAN: Kanban Bug Screen	• KAN: Kanban Bug Screen Scheme
KAN: Kanban Default Issue Screen	• KAN: Kanban Default Screen Scheme
NORMAL: Software Development Bug Screen	• NORMAL: Software Development Bug Scr
NORMAL: Software Development Default Issue Screen	• NORMAL: Software Development Default
PA: Scrum Bug Screen	• PA: Scrum Bug Screen Scheme
PA: Scrum Default Issue Screen	• PA: Scrum Default Screen Scheme
Resolve Issue Screen Allows to set resolution, change fix versions and assign an issue.	
SZ: Requirement Creation Page	

图 9-55　新增的界面记录

图 9-56　界面配置页面

第三步，进入"界面方案"管理页面，单击"添加屏幕方案"，在弹出的"添加屏幕方案"窗口中填写屏幕方案的名称，并把默认页面选中为我们上文所创建的页面，如图 9-57 所示。

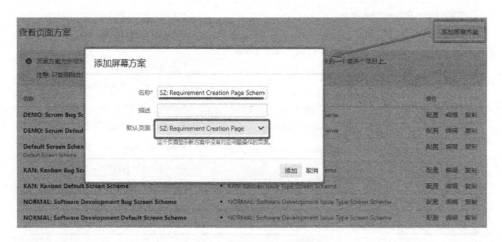

图 9-57　添加屏幕方案窗口

第四步,进入"问题类型界面方案"管理页面,以项目关键字标识找到目标项目
"Scrum Issue Type Screen Scheme"的记录,单击"配置"按钮进入配置问题类型的页面方案。单击页面右上角的"将问题类型与屏幕方案关联",在弹出的窗口中选择"需求"问题类型和上文所创建的页面方案,如图 9-58 所示。

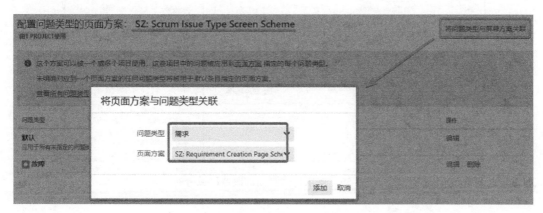

图 9-58　页面方案与问题类型关联窗口

至此,"需求"问题类型的问题创建页面已完成改造并生效。

9.2.2　改造需求详情页面

需求详情页面呈现了需求处理过程中所填充和维护的所有信息。需求详情页面的改造主要涉及详情页面 3 个区域,分别为问题详情区域、用户区域、日期区域,如图 9-59 所示。改造是为了呈现在需求创建页面和需求状态交互设计界面所定制的新增字段,当字段有填充时,对应的字段也需要在详情页面进行可视化呈现。

1. 问题详情区域的改造

问题详情区域应新增显示的字段为所属业务线、需求来源方、价值类型、价值量化、产品累计投入人日、开发累计投入人日、测试累计投入人日、每日进展。对应字段来自需求创建页面和价值流状态界面,如表 9-8 所示。

图 9-59　需求详情页面的改造区域分布

表 9-8　问题详情区域新增字段的来源说明

所属区域	新增显示的字段	字段来源说明
问题详情区域	所属业务线	该字段来自需求创建页面
	需求来源方	该字段来自需求创建页面
	价值类型	该字段来自需求创建页面
	价值量化	该字段来自需求创建页面
	产品累计投入人日	该字段来自价值流状态交互界面
	开发累计投入人日	该字段来自价值流状态交互界面
	测试累计投入人日	该字段来自价值流状态交互界面
	每日进展	该字段来自价值流状态交互界面

只有对应新增字段有内容填充时，才会在详情区域进行可视化显示呈现，如图 9-60
所示。

2. 用户区域的改造

用户区域新增显示的字段为需求来源人、产品负责人、开发负责人、测试负责人。对
应字段来自需求创建页面和价值流状态界面，如表 9-9 所示。

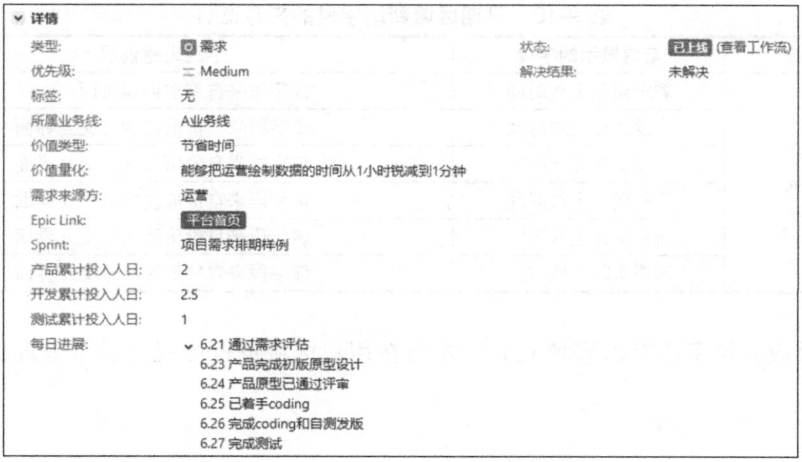

图 9-60 问题详情区域的可视化效果示例

表 9-9 用户区域新增字段的来源说明

所属区域	新增显示的字段	字段来源说明
用户区域	需求来源人	该字段来自需求创建页面
	产品负责人	该字段来自需求创建页面
	开发负责人	该字段来自需求创建页面
	测试负责人	该字段来自价值流状态交互界面

只有对应新增字段有内容填充时,对应的字段才会在用户区域进行可视化呈现,如图 9-61 所示。

图 9-61 用户区域的可视化效果

3. 日期区域的改造

日期区域新增显示的字段为需求期望上线时间、产设预计完成时间、产设实际完成时间、产品期望上线时间、研发预计上线时间、部署实际上线时间。对应字段来自需求创建页面和价值流状态界面,如表 9-10 所示。

表 9-10　日期区域新增字段的来源说明

所属区域	新增显示的字段	字段来源说明
日期区域	需求期望上线时间	该字段来自需求创建页面
	产设预计完成时间	该字段来自价值流状态交互界面
	产设实际完成时间	该字段来自价值流状态交互界面
	产品期望上线时间	该字段来自价值流状态交互界面
	研发预计上线时间	该字段来自价值流状态交互界面
	部署实际上线时间	该字段来自价值流状态交互界面

只有对应新增字段有内容填充时，才会在用户区域进行可视化显示呈现，如图 9-62 所示。

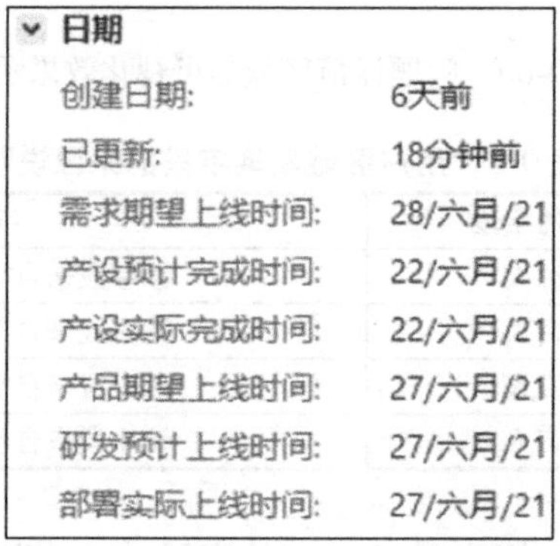

图 9-62　日期区域的可视化效果示例

4. 需求详情页面的生成示例

第一步，以超级管理员身份登录 Jira 管理界面，进入"问题"管理模块下的"界面"管理页面，找到"需求创建页面"所对应的页面记录"SZ: Requirement Creation Page"，随后单击该记录后方的"复制"按钮复制该界面。为便于有效区分复制后的页面，我们将其命名为"SZ: Requirement Details Page"。

第二步，单击界面记录后方的"配置"按钮进入配置页面，在配置页面新增自定义字段并调整字段顺序，如图 9-63 所示。

第三步，进入"界面方案"管理页面，找到需求问题类型所定义的界面方案记录"SZ: Requirement Creation Page Scheme"，如图 9-64 所示。单击记录后方的"配置"按钮进入配置页面方案界面，单击界面右上角的"把问题操作与屏幕关联"，在弹出的窗口实现"查看问题"问题操作与"SZ: Requirement Details Page"界面的关联，如图 9-65 所示。

≡ 经办人	系统域
≡ 产品负责人	选择用户（单选）
≡ 开发负责人	选择用户（单选）
≡ Epic Link	史诗链接关系
≡ Sprint	Jira Sprint 域
≡ 链接的问题	系统域
≡ 产品累计投入人日	文本框（单行）
≡ 开发累计投入人日	文本框（单行）
≡ 测试累计投入人日	文本框（单行）
≡ 每日进展	文本框（多行）
≡ 测试负责人	选择用户（单选）
≡ 产设预计完成时间	日期选择器
≡ 产设实际完成时间	日期选择器
≡ 产品期望上线时间	日期选择器
≡ 研发预计上线时间	日期选择器
≡ 部署实际上线时间	日期选择器

图 9-63 需求详情页面的字段配置

查看页面方案

❶ 页面方案允许您为每个问题操作选择相应的页面。 页面方案被问题类型页面方案对应到问题类型上，再关联到一个或多个项目上。

注意: 只能删除在问题类型页面方案中没有使用的页面方案。

名称	问题类型界面方案
DEMO: Scrum Bug Screen Scheme	• DEMO: Scrum Issue Type Screen Scheme
DEMO: Scrum Default Screen Scheme	• DEMO: Scrum Issue Type Screen Scheme
Default Screen Scheme Default Screen Scheme	• Default Issue Type Screen Scheme
KAN: Kanban Bug Screen Scheme	• KAN: Kanban Issue Type Screen Scheme
KAN: Kanban Default Screen Scheme	• KAN: Kanban Issue Type Screen Scheme
NORMAL: Software Development Bug Screen Scheme	• NORMAL: Software Development Issue Typ
NORMAL: Software Development Default Screen Scheme	• NORMAL: Software Development Issue Typ
PA: Scrum Bug Screen Scheme	• PA: Scrum Issue Type Screen Scheme
PA: Scrum Default Screen Scheme	• PA: Scrum Issue Type Screen Scheme
SZ: Requirement Creation Page Scheme	• SZ: Scrum Issue Type Screen Scheme
SZ: Scrum Bug Screen Scheme	• SZ: Scrum Issue Type Screen Scheme
SZ: Scrum Default Screen Scheme	• SZ: Scrum Issue Type Screen Scheme

图 9-64 需求问题类型所对应的界面方案

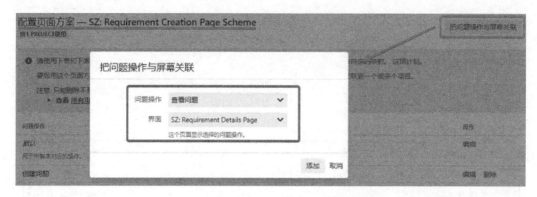

图 9-65 实现查看问题与指定界面的关联

第四步，建议填充一个需求实例的所有字段，从而在问题详情页面查看这些字段在界面上的效果。

9.2.3　改造需求编辑页面

需求编辑页面应用于需求的所有阶段。为了使需求具有更灵活的编辑能力，在需求编辑页面将呈现需求问题类型涉及的全部字段。

1. 生成需求编辑页面

需求创建页面和需求状态交互窗口新增的自定义字段都需要呈现在需求编辑页面。建议复制"需求查看页面"对应的界面创建需求编辑页面。

第一步，以超级管理员身份登录 Jira 管理界面，进入"问题"管理模块下的"界面"管理页面，找到"需求详情页面"所对应的页面记录"SZ: Requirement Details Page"。单击该记录后方的"复制"按钮复制该界面，为便于有效区分复制后的页面，我们将其命名为"SZ: Requirement Edit Page"。

第二步，在"界面"管理页面可看到复制后的"SZ: Requirement Edit Page"界面记录。随后单击该界面记录后方的"配置"按钮进入配置页面，在配置页面调整字段顺序。由于需求详情页面已包含我们所定义的所有自定义字段，因此在配置需求编辑页面时无须补充字段，按需调整字段顺序即可。

第三步，进入"界面方案"管理页面，找到需求问题类型所定义的界面方案记录"SZ: Requirement Creation Page Scheme"。随后单击记录后方的"配置"按钮进入配置页面方案页面，单击页面右上角的"把问题操作与屏幕关联"，在弹出的窗口实现"编辑问题"问题操作与"SZ: Requirement Edit Page"界面的关联，如图 9-66 所示。

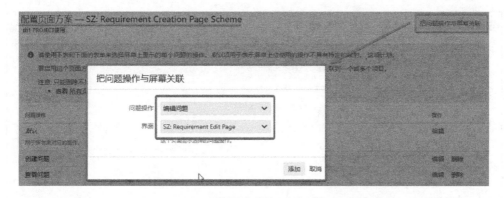

图 9-66 实现编辑问题与指定界面的关联

至此，我们已经实现了需求创建页面、需求详情页面、需求编辑页面的所有关联和生效。关于需求问题类型的界面方案，通过需求问题类型所在项目的设置管理页面可以直观地查阅每一种操作皆对应着相应的界面，如图 9-67 所示。

图 9-67 需求问题类型的关联界面

2. 需求编辑页面的效果示例

需求编辑页面的最终改造效果如图 9-68、图 9-69 所示。

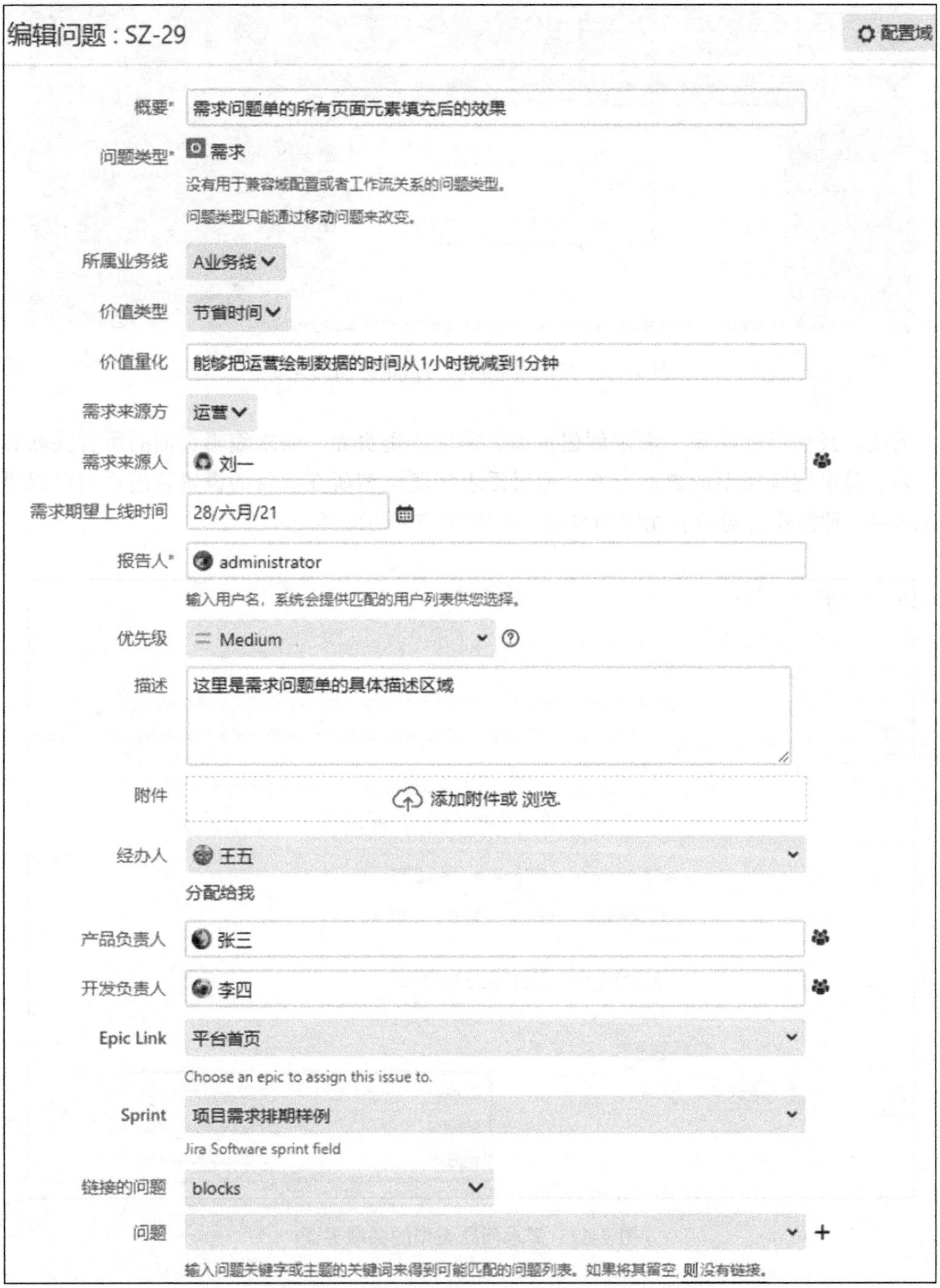

编辑问题：SZ-29 ⚙ 配置域

概要* 需求问题单的所有页面元素填充后的效果

问题类型* ☑ 需求

没有用于兼容域配置或者工作流关系的问题类型。

问题类型只能通过移动问题来改变。

所属业务线 A业务线 ⌄

价值类型 节省时间 ⌄

价值量化 能够把运营绘制数据的时间从1小时锐减到1分钟

需求来源方 运营 ⌄

需求来源人 🎧 刘一 ⬥

需求期望上线时间 28/六月/21 📅

报告人* ⬤ administrator

输入用户名，系统会提供匹配的用户列表供您选择。

优先级 ☰ Medium ⌄ ⑦

描述 这里是需求问题单的具体描述区域

附件 ☁ 添加附件或 浏览.

经办人 😊 王五 ⌄

分配给我

产品负责人 🌐 张三 ⬥

开发负责人 🌐 李四 ⬥

Epic Link 平台首页 ⌄

Choose an epic to assign this issue to.

Sprint 项目需求排期样例 ⌄

Jira Software sprint field

链接的问题 blocks ⌄

问题 ⌄ +

输入问题关键字或主题的关键词来得到可能匹配的问题列表。如果将其留空，则没有链接。

图 9-68 需求编辑页面的效果示例（一）

图 9-69　需求编辑页面的效果示例（二）

9.3　改造问题类型入口

问题类型是指 Jira 项目工作项所归属的具体问题分类。如图 9-70 所示，在 Jira 项目的创建问题交互窗口选择项目后，"问题类型"字段会自动加载该项目下的具体问题类型。

问题类型是工作项分类管理的入口，不同的问题类型所代表的工作项含义不同，并且不同工作项所需填充的问题单内容也存在差异。

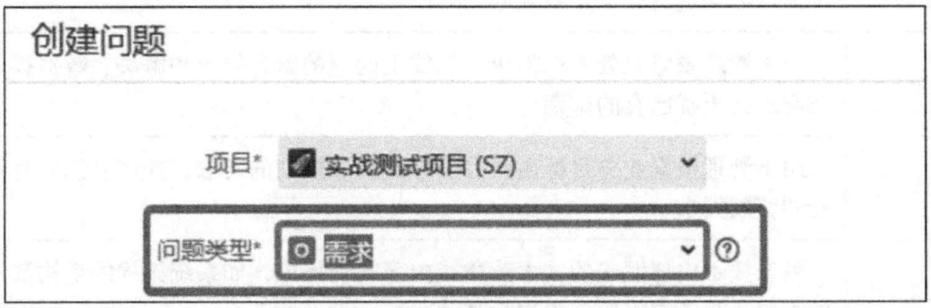

图 9-70　问题类型选择的入口

在 9.1 节介绍需求价值流设计时，我们创建了一个名为"需求"的问题管理类型，该问题类型用于管理项目中的需求。在实际执行运作过程中，我们会发现需求也具有一定的特征表现。下面我们对需求类型进行入口细分。

9.3.1 需求类型入口细分

1. 4 种细分的需求类型

需求类型的细分设计是根据项目需求自身特点和需要定制的。

在笔者的项目实施过程中，需求类型细分为 4 个入口，分别为常规演进需求、紧急插入需求、产品规划需求和技术内部需求，如图 9-71 所示。4 种细分需求类型在问题类型的标识上有所差异，差异化标识有助于在需求精益看板上快速掌握需求的细分属性。

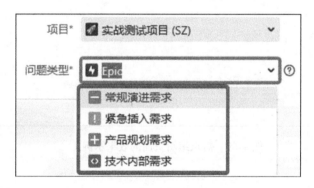

图 9-71 需求类型细分设计

表 9-11 为 4 种需求类型对应的特征说明。

表 9-11 需求类型的特征说明

需求类型	特征参考说明
常规演进需求	用于管理常规的、非紧急的用户需求，如运营侧提出对某功能进行较小幅度的优化，无须产品侧进行重点产品规划
紧急插入需求	用于管理要紧急处理的需求，如线上问题的紧急排查和解决、数据提取紧急支撑，此类需求会干扰已有的排期
产品规划需求	用于管理根据业务目标由产品经理设计和规划的需求，如产品侧规划的对业务流程进行调整的需求
技术内部需求	用于技术内部发起的技术改进或内部联动需求，如系统架构的重构演进、某模块代码的重构、服务端需要前端进行联动适配

2. 需求类型细分的作用

❑ 所有项目的参与者可以在需求精益看板上看到 4 种需求类型的分布。整体分布的合理性有助于各职能侧输出的业务需求齐头并行，促进业务长久发展。4 种需求类型可建立参考比例模型：常规演进需求（占比约 30%）、产品规划需求（占比约 50%）、紧急插入需求（占比小于 5%）、技术内部需求（占比约 15%）。不同业务需求类型的占比不同，业务发展的不同阶段也会影响需求类型的占比。

❑ 可通过 Jira 仪表盘分析工具，统计某一阶段内的需求类型分布，从更宏观的角度审视需求类型的分布，如图 9-72 所示。

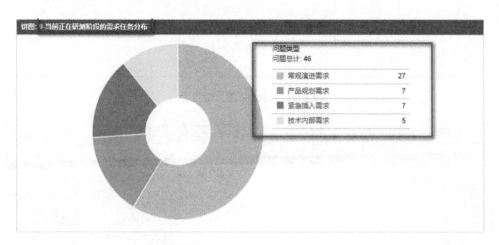

图 9-72　仪表盘需求类型的分布

❑ 根据周期内紧急插入需求的分布及工作量分布，合理预留并规划下一个周期其他三类需求的排期。避免紧急插入过多需求，频繁打乱整体演进计划。

9.3.2　需求类型细分操作

本书介绍 4 种需求类型在 Jira 平台上的转化落地，如下提供细分操作的步骤。

第一步，以超级管理员身份进入 Jira 管理界面，进入"问题"管理模块下的"问题类型"管理页面，单击"需求"问题类型记录后方的"编辑"按钮，进入"编辑问题类型"页面。在该页面把名称变更为"常规演进需求"，为此问题类型选择合适的问题类型图像，如图 9-73 所示。更新后即可得到"常规演进需求"的需求类型分类。

第二步，进入"问题类型方案"管理页面，找到"常规演进需求"所属的" SZ: Scrum Issue Type Scheme"项目问题类型方案，单击该方案后方的"编辑"按钮，进入问题类型方案编辑页面。如图 9-74 所示，通过该页面右上角的"添加问题类型"，依次实现"紧急插入需求""产品规划需求""技术内部需求"问题类型的创建。

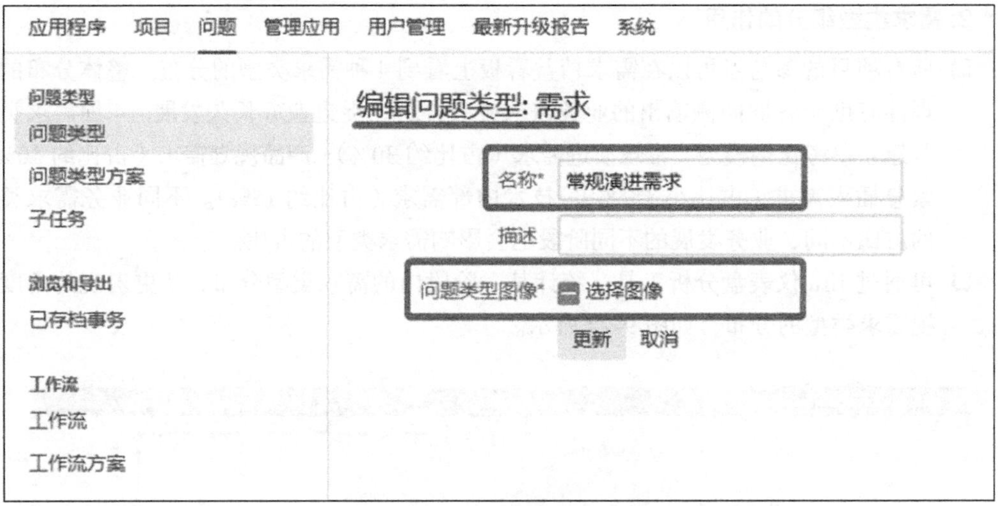

图 9-73　编辑问题类型页面

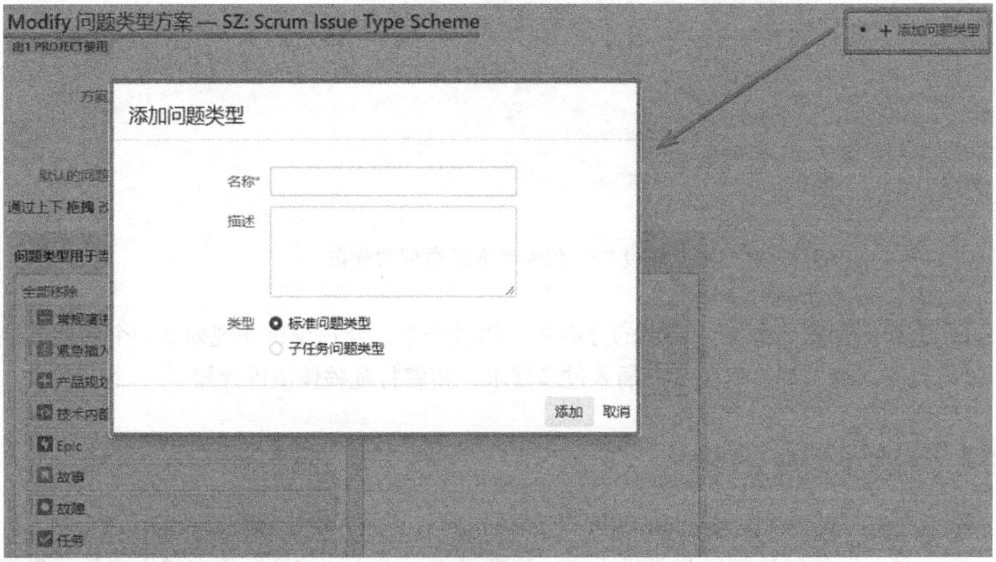

图 9-74　问题类型的添加窗口

第三步，进入"问题类型"管理页面，依次对新增的 3 种问题类型进行图像优化，所选的图标最好具有辨识性，可参考图 9-71 的选择。

第四步，进入"问题类型界面方案"管理页面，找到需求问题类型所归属的方案记录"SZ: Scrum Issue Type Screen Scheme"，单击记录后方的"配置"按钮，进入问题类型的页面方案的配置页面。如图 9-75 所示，单击该页面右上角的"将问题类型与屏幕方案关联"，依次实现"紧急插入需求""产品规划需求""技术内部需求"的问题类型与页面方案的选择，页面方案需要选择"SZ: Requirement Creation Page Scheme"以保持统一使用需求专属的界面方案。

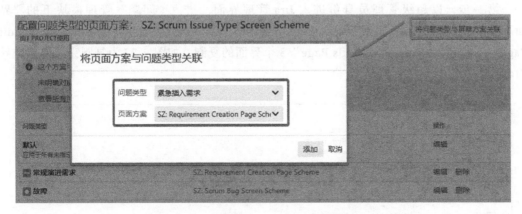

图 9-75 问题类型与页面方案关联窗口

至此，4 种需求细分类型已创建，可通过问题创建入口使用这些需求类型。

9.3.3 紧急插入需求的补充与完善

紧急插入需求因交付的特殊性，在问题单内容改造上须进行差异化的补充与完善，完善内容为新增"紧急原因说明"字段。新增的字段也要在紧急插入需求的问题详情页面和问题编辑页面进行可视化显示。

1. 紧急原因说明

紧急原因说明为文本框（单行）类型，此字段用于需求创建者透明传递紧急插入需求的原因。紧急原因说明字段仅存在于"紧急插入需求"问题类型中。图 9-76 所示为紧急原因说明字段的呈现效果。

紧急原因说明

图 9-76 紧急原因说明的呈现效果

紧急导向的意义
- ❏ 紧急原因的透明传递，提升紧急协同交付的效率。
- ❏ 有助于需求提出者加强对紧急需求的评估，紧急需求须提供紧急原因说明，减少伪紧急需求。

2.紧急插入需求的界面定制

由于 4 种需求细分类型采用的界面是同一种方案，因此对于紧急插入需求单独增加"紧急原因说明"的字段，需要我们对紧急插入需求的界面进行定制。

第一步，以超级管理员身份进入 Jira 管理界面，进入"问题"管理模块下的"界面"管理页面，陆续实现"SZ: Requirement Creation Page""SZ: Requirement Edit Page""SZ: Requirement Details Page"3 个界面的复制，如图 9-77 为复制完成的新增界面名称。

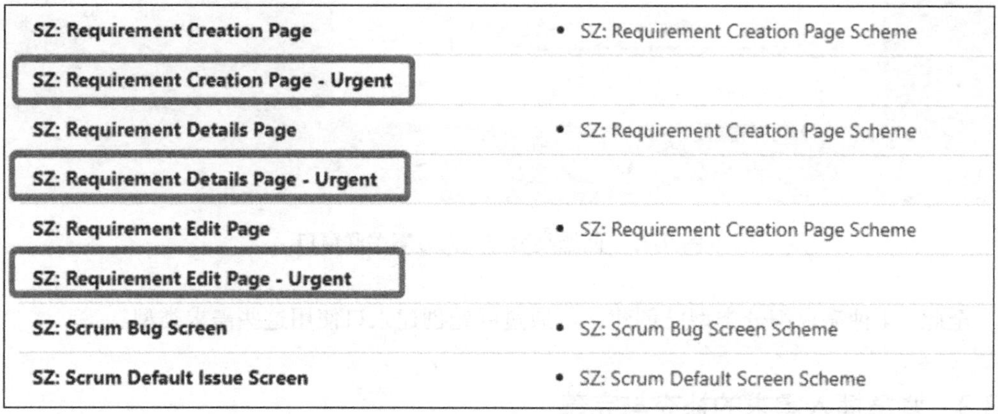

SZ: Requirement Creation Page	• SZ: Requirement Creation Page Scheme
SZ: Requirement Creation Page - Urgent	
SZ: Requirement Details Page	• SZ: Requirement Creation Page Scheme
SZ: Requirement Details Page - Urgent	
SZ: Requirement Edit Page	• SZ: Requirement Creation Page Scheme
SZ: Requirement Edit Page - Urgent	
SZ: Scrum Bug Screen	• SZ: Scrum Bug Screen Scheme
SZ: Scrum Default Issue Screen	• SZ: Scrum Default Screen Scheme

图 9-77　复制新增的界面

第二步，在"界面"管理页面，单击对应记录的"配置"按钮，陆续为新增的 3 个界面添加"紧急原因说明"字段，如图 9-78 所示。"紧急原因说明"字段需要在"自定义字段"管理页面提前添加。

第三步，在"界面方案"管理页面，复制当前需求问题类型所采用的界面方案"SZ: Requirement Creation Page Scheme"，新增的界面方案可命名为"SZ: Requirement Creation Page Scheme - Urgent"。随后单击"配置"按钮进入"配置页面方案"页面，在此页面依次单击"创建问题""编辑问题""查看问题"的编辑按钮，实现界面的重新配置，图 9-79 所示为配置后的问题操作所对应的界面。

第四步，进入"问题类型界面方案"管理页面，找到需求问题类型所属的方案记录"SZ: Scrum Issue Type Screen Scheme"，单击记录后方的"配置"按钮，进入问题类型页面方案的配置页面。单击"紧急插入需求"记录后方的"编辑"按钮，随后选中紧急插入需求专属界面方案，如图 9-80 所示。

通过问题创建入口选择"紧急插入需求"需求类型，可见"紧急原因说明"字段已正常呈现并可用，如图 9-81 所示。

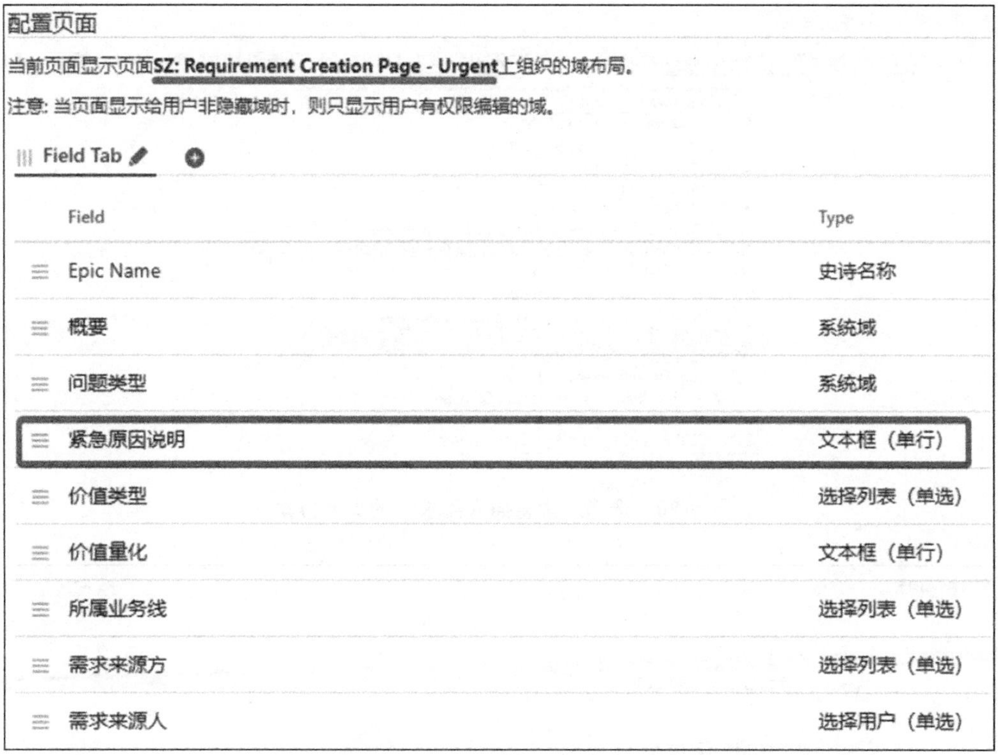

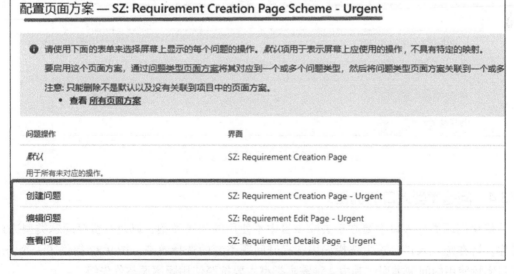

图 9-78　配置添加紧急原因说明

图 9-79　问题操作界面的配置变更

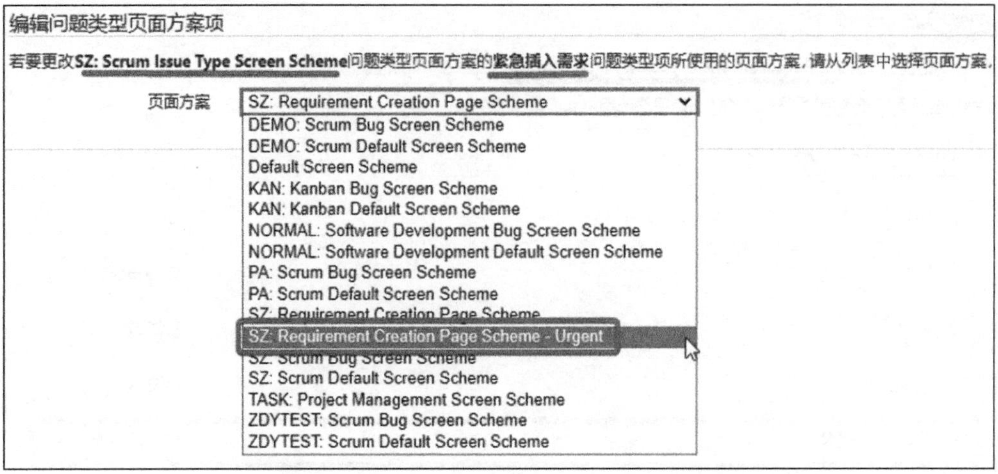

图 9-80　选择"紧急插入需求"的页面方案

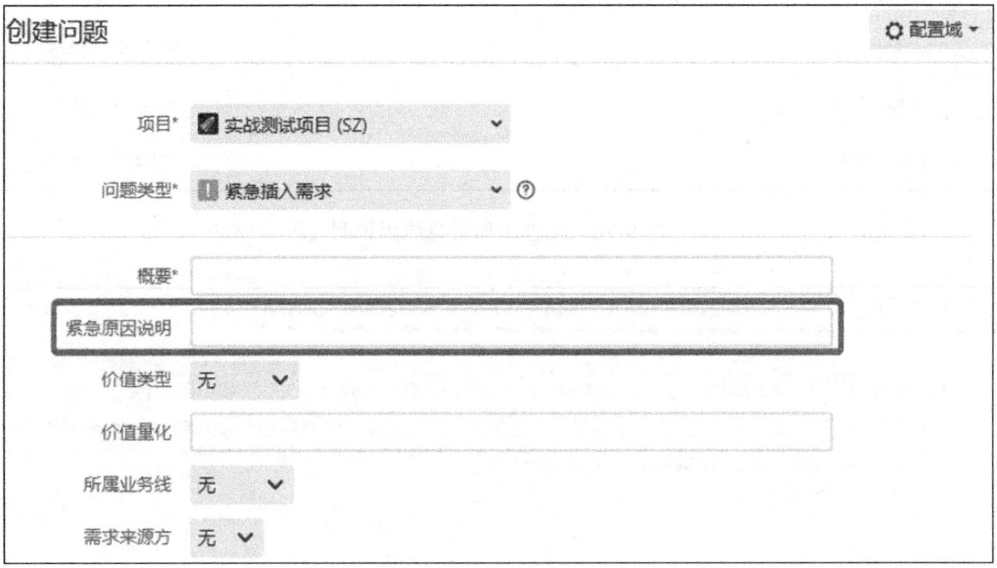

图 9-81　紧急插入需求创建页面的效果

9.3.4　问题类型入口的优化

优化问题类型入口主要在于去除项目中不使用的问题类型，以及对留存问题类型进行排序，旨在统一入口，减少选择误用和提升问题类型的选择效率。图 9-82 提供了一个 Jira 项目实际使用的问题类型，其中 4 种需求类型主要按照使用频率调整优先级。

问题类型*
Epic
常规演进需求
紧急插入需求
产品规划需求
技术内部需求
故障

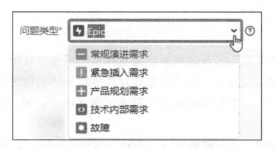

图 9-82 项目的问题类型入口选项示例

通过“问题”管理模块下的“问题类型方案”管理页面进行问题类型入口的优化配置。进入指定的问题类型方案编辑页面，如图 9-83 所示。在“问题类型用于当前方案”操作区域实现所需问题类型的上下移动，上下顺序即代表需求创建时问题类型的排列顺序。不使用的问题类型可拖曳至右侧的“可用的问题类型”区域。

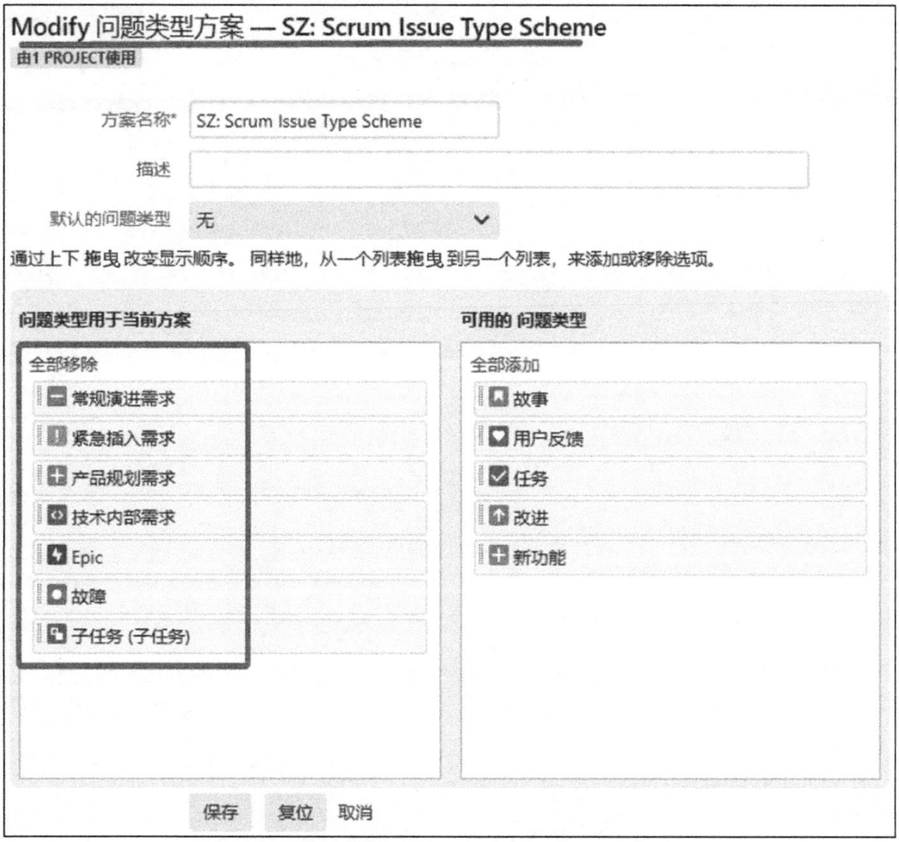

Modify 问题类型方案 — SZ: Scrum Issue Type Scheme
由1 PROJECT使用
方案名称*
SZ: Scrum Issue Type Scheme
描述
默认的问题类型
无
通过上下 拖曳 改变显示顺序。 同样地，从一个列表拖曳 到另一个列表，来添加或移除选项。
问题类型用于当前方案
全部移除
常规演进需求
紧急插入需求
产品规划需求
技术内部需求
Epic
故障
子任务 (子任务)
可用的 问题类型
全部添加
故事
用户反馈
任务
改进
新功能
保存
复位
取消

图 9-83 问题类型入口优化配置窗口

9.4　本章小结

本章我们熟悉了"开发"三步法所对应的具体实施内容，从价值流状态改造到问题单内容改造再到问题类型入口改造，读者应掌握这些事项具体实施的缘由、背后的设计思路以及如何进行相应设计。本章提供的实操案例基于测试项目开展，读者可进行适当的改良以适应实际情况。

至此，我们已经完成了 Jira 精益看板"开发"部分的实施，第 10 章我们将进入 Jira 精益看板的"配置"部分。

第 10 章 *Chapter 10*

"配置" 三步法的实施

Jira 精益看板的配置实现阶段分为项目筛选器的配置、敏捷面板的配置和面板详情的优化配置三步，可称为"配置"三步法。这也是本章的核心主题。

本章要介绍的内容如下。

❑ 项目筛选器的配置。

❑ 敏捷面板的配置。

❑ 面板详情的优化配置。

10.1 项目筛选器的配置

筛选器用于聚焦所关注对象的范围。Jira 项目中有缺陷、任务、故障等多个问题类型，如果目标精益看板呈现项目下所有问题类型的内容，会影响看板整体的可视化效果，不同问题类型的价值流差异将导致面板的列状态无法进行有效配置。筛选器可用于 Jira 项目存在多业务方向共用的情况，如业务 A 方向通过筛选器只关注维护自身方向的需求即可，无须关注业务 B 方向的需求。

项目筛选器的配置取决于要聚焦的内容。根据聚焦的内容设定和选取对应的项目、对应的问题类型以及其他筛选条件。我们可以利用项目筛选器的过滤能力，实现项目需求专属看板、项目缺陷专属看板、项目线上问题专属看板等。

10.1.1 以需求为中心的过滤

以需求为关注对象的精益看板，所引用的项目筛选器需要以需求为中心，实现项目问题类型的过滤。我们创建了 4 种需求问题类型，分别为常规演进需求、紧急插入需求、产品规划需求和技术内部需求。这 4 种需求问题类型属于需求范畴，在创建项目筛选器时应该全选。由于需求看板采用 Epic 和需求二级结构实现，且 Epic 也需要在看板上进行可视化展示，因此在创建项目筛选器时也应选中 Epic。

以需求为中心的过滤采用"搜索问题"页面默认的简单搜索即可实现。如果要实现某项目下指定业务线需求的分离过滤，可以参照图 10-1 所示的筛选条件。

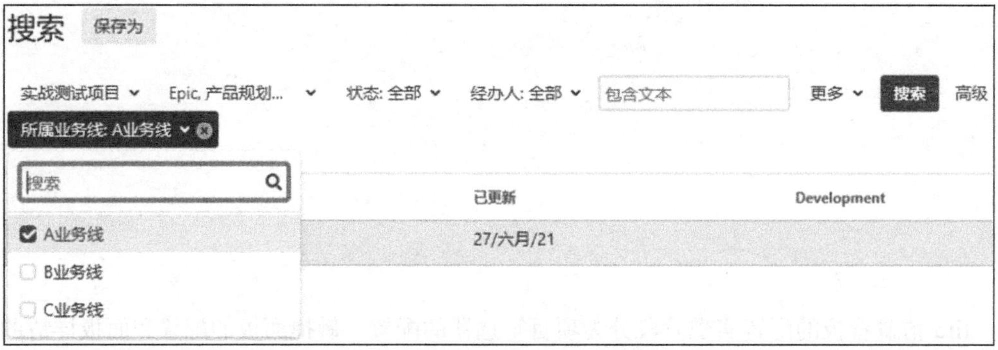

图 10-1　过滤后的筛选条件设置

图 10-1 呈现了过滤后的筛选条件设置，在"项目"中选中指定的目标项目名称，在"类型"中选中 Epic、常规演进需求、紧急插入需求、产品规划需求和技术内部需求，"状态"和"经办人"采用默认设置，通过"更多"选项搜索"所属业务线"字段并选中，通过新加载的"所属业务线"筛选条件选中目标业务线。满足这些过滤条件即可实现指定项目下指定业务线需求的分离过滤。

把图 10-1 的简单搜索切换成 JQL 高级搜索，可以得到对应的 JQL 查询语句，通过此 JQL 语句辅助确认目标筛选器的设置是否正确。JQL 示例如下。

```
project = SZ AND issuetype in (Epic,产品规划需求,常规演进需求,技术内部需求,
    紧急插入需求) AND 所属业务线 = A 业务线
```

10.1.2　筛选器的保存与共享

建立以需求为中心且满足指定要求的过滤条件后，保存筛选器（又称过滤器）。保存筛选器旨在面板创建时进行筛选器的直接引用。建议采用具有标识性和突出性的筛选器名称，以方便创建面板时选取。图 10-2 为面板创建时已有筛选器的引用区域。

图 10-2 面板创建时已有筛选器的引用区域

保存筛选器之后，即可在创建面板时进行选择和引用。对于后期创建的面板，如果要允许其他用户查看和编辑，必须共享被引用的筛选器。图 10-3 为筛选器的共享权限设置入口，单击筛选器名称后面的"详情"选项并在弹出窗口中单击"编辑权限"选项即可编辑共享权限。

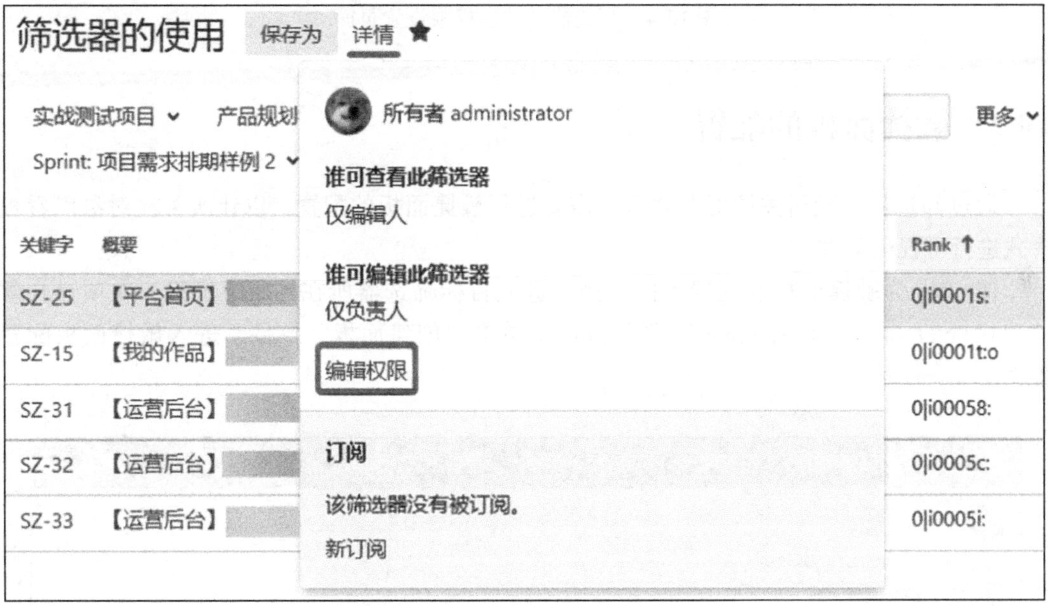

图 10-3 筛选器的共享权限设置入口

图 10-4 为筛选器的共享（查看和编辑）权限设置页面。权限按需设置，通常情况下，某指定项目下的筛选器可以共享给该项目下的全部成员。

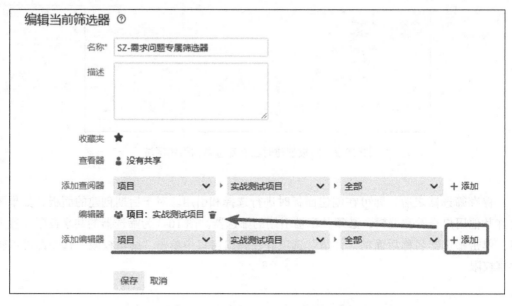

图 10-4 筛选器的共享权限设置页面

10.2 敏捷面板的配置

通过筛选器得到所关注对象之后，需要进行敏捷面板的配置，以让所关注对象以看板形式进行可视化呈现。

图 10-5 为敏捷面板的配置入口示例，进入目标筛选器所在的 Jira 项目，在项目左侧菜单栏处的"本项目中的面板"菜单窗口中单击"创建面板"控件，进入敏捷面板配置界面。

图 10-5 敏捷面板的配置入口示例

10.2.1　敏捷面板的两种模式

单击图 10-5 中的"创建面板"控件，将进入敏捷面板的创建窗口。敏捷面板有两种模式，分别为 Scrum 和看板，如图 10-6 所示。为统一描述，我们把采用 Scrum 模式创建的面板称为"Scrum 面板"，把采用看板模式创建的面板称为"Kanban 面板"。

图 10-6　创建敏捷面板的两种模式

两种面板模式在应用场景上存在一定的差异，如表 10-1 所示。

表 10-1　Scrum 面板与 Kanban 面板的差异

面板类型	侧重点	适用场景	备注
Scrum 面板	侧重于计划、执行、交付命名为 Sprint 的时间驱动的工作任务	周期迭代概念强、计划性强、时间驱动强的场景	Jira 具备对活动中的 Sprint 实现 Kanban 的可视化能力
Kanban 面板	侧重于将工作流程和在制品可视化，以促进增量改进现有的流程	周期迭代概念弱、机动性强、价值驱动强的场景	无法使用 Sprint 管理的能力

为更具体地解读 Scrum 面板和 Kanban 面板在 Jira 上的差异，下面对两种面板在菜单和界面功能上的差异进行说明。

1. 面板菜单标识上的差异

由图 10-7 可见，Scrum 面板比 Kanban 面板多了一个菜单标识——Backlog。

单击 Backlog 菜单进入 Sprint 管理界面，该界面可实现对积压工作事项的 Sprint 规划管理，如图 10-8 所示。

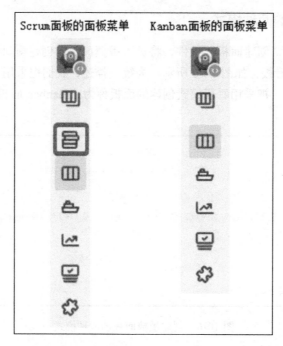

图 10-7　Scrum 面板和 Kanban 面板的菜单差异

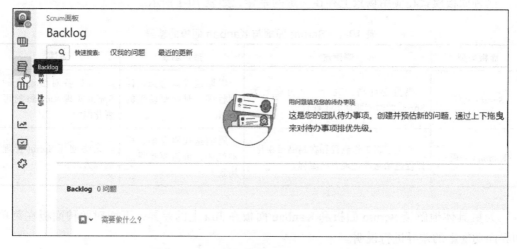

图 10-8　Scrum 面板的 Backlog 菜单界面

2. 面板菜单命名上的差异

图 10-9 呈现了 Scrum 面板和 Kanban 面板对于相同菜单标识的不一样的命名。同一个标识，在 Scrum 面板中叫"活动的 Sprint"，而在 Kanban 面板中则叫"Kanban 看板"。

图 10-9 相同的菜单标识有不一样的命名

"活动的 Sprint"与"Kanban 看板"在问题事项展示上存在差异。Scrum 面板下的"活动的 Sprint"看板仅展示在 Backlog 界面中处于活跃状态的 Sprint 所包含的问题事项，尚未纳入 Sprint、仍在积压工作中的问题事项，以及处于非活跃状态（含已创建但未启动、已完成关闭）的 Sprint 所包含的问题事项，皆不会在该看板上展示。Kanban 面板下的"Kanban 看板"将展示所引用筛选器下的所有问题事项，但不包含已完成发布的问题事项。

3. 面板的报表多样性差异

Scrum 面板和 Kanban 面板在报表维度上皆有 Agile、问题分析、预测与管理 3 个分类。在 Agile 分类维度的报表多样性上，Scrum 面板的报表种类要明显多于 Kanban 面板。图 10-10 为两种面板的报表多样性差异。

虽然表 10-1 提供了适用场景参考，但仍存在一定的抉择成本。创建面板较为简单，建议尝试不同类型的面板，推演在不同面板下，哪种类型的管理模式更有利于团队协同和问题事项的整体交付，从而选取合适的类型。

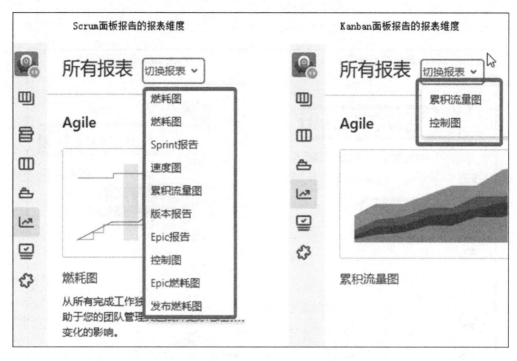

图 10-10 Scrum 面板和 Kanban 面板的报表多样性差异

10.2.2 选取并配置 Scrum 面板

在实践中，我们发现 Scrum 面板更适合我方研发项目的实际场景，主要原因在于，Scrum 面板具备 Scrum 的整体能力，同时在"活动的 Sprint"界面中支持我们所期望实现的 Kanban 能力。Scrum 面板的这些属性，提供了研发项目需要的有效规划排期并跟踪管理以及排期内目标需求的可视化精益看板能力。

Scrum 面板较 Kanban 面板更能够减少落地阻力：前者是使用习惯上的延续，只是在原有基础上定制扩展、获得及使用精益看板的能力；后者须改变原有的周期迭代的管理理念，在使用习惯上是一种重大的模式改变，因而有更高的引导成本和更大的推进难度。

以下对 Scrum 面板的配置流程进行介绍。

第一步，通过"项目"下拉列表进入指定的项目。将鼠标光标移至项目左侧边栏菜单上，随后单击"创建面板"控件，如图 10-11 所示。

第二步，在"创建敏捷面板"窗口中单击"创建一个 Scrum 面板"按钮，如图 10-12 所示。

第三步，在面板依赖窗口中点选"面板依赖于一个已有的筛选器"，单击"下一步"按钮，如图 10-13 所示。

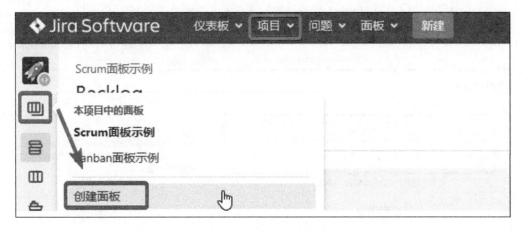

图 10-11　创建面板的入口

图 10-12　创建 Scrum 面板

图 10-13　面板依赖选择窗口

第四步，在"命名此面板"窗口选择已创建的目标筛选器，填写面板名称并保存，如图 10-14 所示。

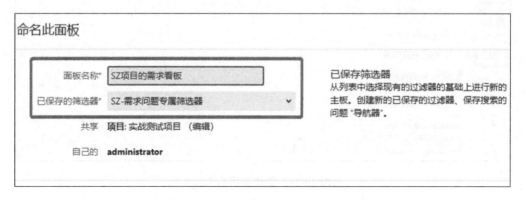

图 10-14　Scrum 面板的筛选器选择及命名

第五步，跳转到面板的使用界面。我们也可以通过顶部导航栏中的"面板"下拉列表进入目标面板，如图 10-15 所示。

图 10-15　"面板"下拉列表

当项目需要选取并配置 Kanban 面板时，在"创建敏捷面板"窗口中选择"创建一个看板"即可，其他步骤无差别。

10.2.3　Scrum 面板的 Sprint 管理

1. 需求流转至新 Sprint 的方式

将需求纳入新的 Sprint 进行管理的操作步骤如下。

第一步，在 Backlog 菜单页面中找到积压工作列表，单击列表右上方的"创建冲刺"控件即可创建新的 Sprint，随后根据实际需要填写 Sprint 名称，如图 10-16 所示。Sprint 名称需要有一定的辨识度。

图 10-16 "创建冲刺"窗口

第二步，在积压工作列表中选中要纳入的需求（支持单选和多选），右击页面内任意区域，将弹出如图 10-17 所示的对话框。选择要送至的 Sprint。选中之后对应需求即可完成纳入 Sprint。多选的快捷键为 Shift 或 Ctrl+ 鼠标左键，根据需要进行选择即可。

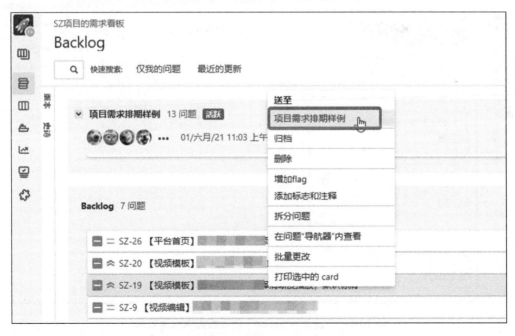

图 10-17 将需求送至指定 Sprint 的交互窗口

第三步，若对应 Sprint 要进入迭代，单击所在 Sprint 标题右侧的"开始冲刺"按钮即可启动迭代，如图 10-18 所示。

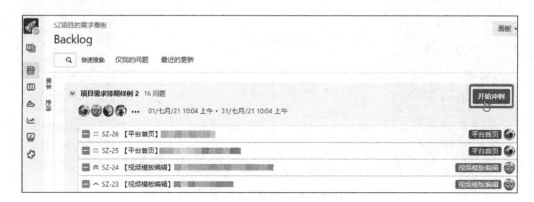

图 10-18 "开始冲刺"触发区域

只有进入迭代环节的 Sprint，对应需求才能在"活动的 Sprint"页面的看板中呈现，如图 10-19 所示。

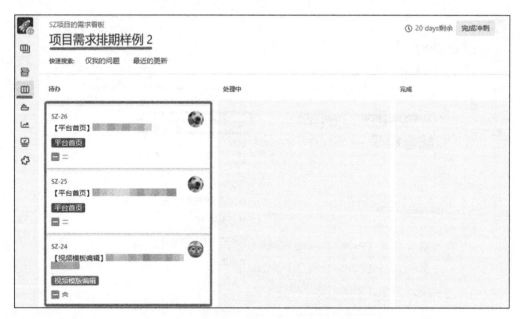

图 10-19 "活动的 Sprint"的看板需求页面效果

2. 需求流转至已有 Sprint 的方式

将需求纳入已有 Sprint 进行管理的操作方式如下。

方式一，在 Backlog 菜单页面中找到积压工作列表，选中要纳入的需求（支持单选和多选），右击页面内任意区域，将弹出将需求送至指定 Sprint 的交互窗口（同图 10-17）。选择要送至的 Sprint，之后对应需求即可完成纳入。

方式二，在积压工作列表中选中要纳入的需求（支持单选和多选），按住鼠标左键将该需求向上拖曳，如图 10-20 所示。拖曳到目标 Sprint 处释放左键，即可完成纳入。

当 Sprint 较多时，建议采用方式一进行操作。

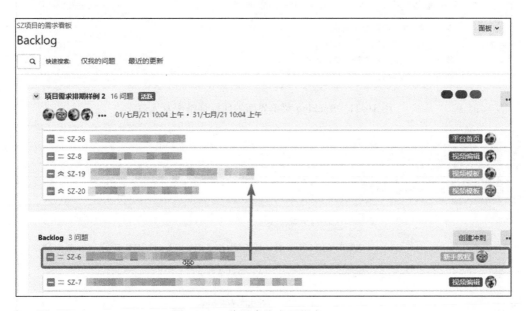

图 10-20　将需求拖曳至指定 Sprint

10.3　面板详情的优化配置

创建 Scrum 面板后，其使用界面的可视化效果及展示元素采用默认的设置。在实际使用时，为了实现精益看板的能力以及实现更有效的可视化效果以提升易用性、便捷性，我们需要对面板详情进行优化配置。

第一步，在目标面板的 Backlog 菜单界面或"活动的 Sprint"菜单界面中，单击右上角的"面板"下拉列表。在弹出的下拉列表项中单击"配置"选项即可进入优化配置界面，如图 10-21 所示。

第二步，通过左侧配置菜单进入对应优化项，按需进行相关的优化配置操作，如图 10-22 所示。

面板详情的优化配置涉及的内容较多，本节按照优化项的分类进行解读。

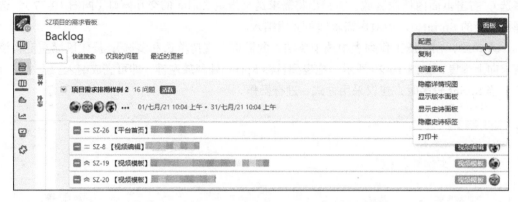

图 10-21　Backlog 菜单界面的面板详情配置入口

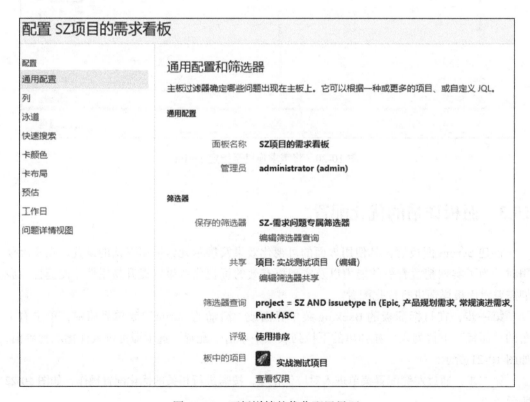

图 10-22　面板详情的优化配置界面

10.3.1 列管理配置

列管理配置是实现需求精益看板能力的核心配置。列管理的生效作用区域在"活动的Sprint"界面。在默认配置下,该界面的看板区域仅采用传统的 3 种状态(待办、处理中、完成)对关注事项进行列状态的管理,如图 10-23 所示。

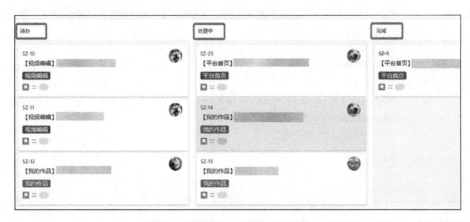

图 10-23　列管理配置的生效作用区域

由于默认配置的列状态无法体现需求的真实价值流,因此我们需要对列状态按照需求的价值流状态进行新增和映射配置。

第一步,进入面板详情配置界面中的"列管理"界面,如图 10-24 所示。

图 10-24　"列管理"界面

第二步，变更已有列的名称。单击"待办"列的名称，把"待办"的名称改为"需求 – 待评估"；单击"处理中"列的名称，把"处理中"的名称改为"需求 – 产品设计中"；单击"完成"列的名称，把"完成"的名称改为"已上线"。如图 10-25 所示。

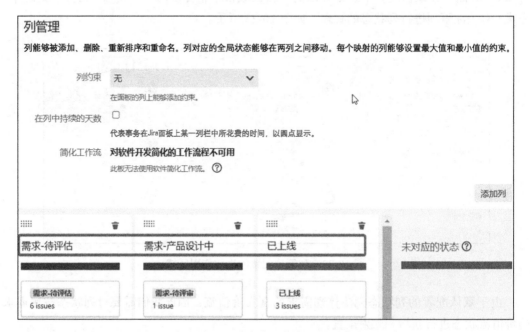

图 10-25　对原有状态进行名称变更

第三步，逐一添加新增列并命名。单击"列管理"界面右侧区域的"添加列"按钮来添加列。列需要逐一添加，每次只能添加一列。依次添加"需求 – 待评审""准备就绪 – 待开发""开发 – 设计中""开发 – 开发中""开发 – 自测中""开发完成 – 待测试""测试 – 测试中""待上线""异常终止或打回"等状态列。添加后可通过拖曳变更列的顺序。

第四步，实现需求状态与列状态的映射。选中具体的需求价值流状态，拖曳到对应的列状态中。如将"需求 – 待评审"的需求状态拖曳至"需求 – 待评审"列，如图 10-26 所示。

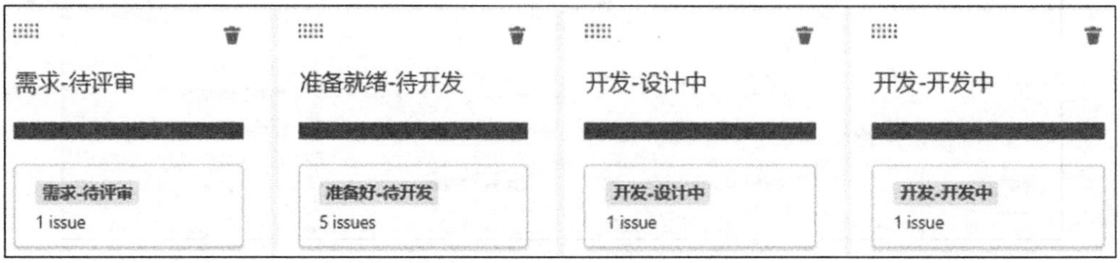

需求-待评审	准备就绪-待开发	开发-设计中	开发-开发中
需求-待评审 1 issue	准备好-待开发 5 issues	开发-设计中 1 issue	开发-开发中 1 issue

图 10-26　需求状态与列状态的映射

第五步,移除非关联状态。"需求 – 待评估""需求 – 产品设计中""已上线"的列中若存在与需求价值流状态不相关的状态,可以把这些无关状态拖曳到"未对应的状态"区域,以减少干扰,如图 10-27 所示。

图 10-27　非关联状态的移除

第六步,在"列管理"界面中配置列约束和在列中持续的天数,如图 10-28 所示。为"列约束"选择"问题计数,不包括子任务",并勾选"在列中持续的天数"。

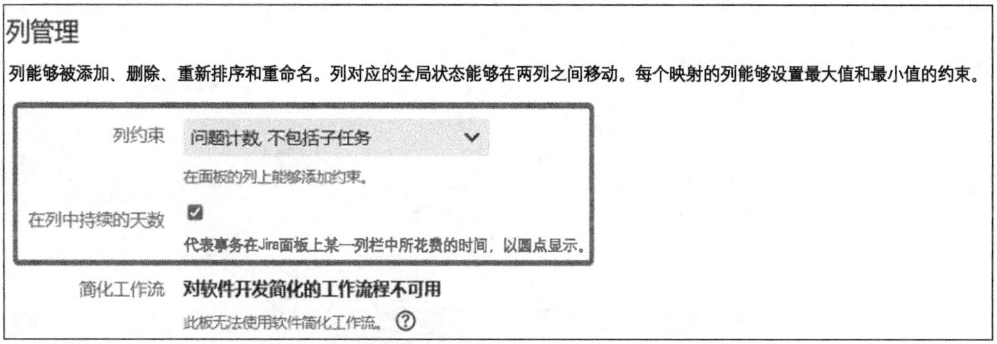

图 10-28　列约束等相关配置

第七步,按需精简列状态。在使用过程中,我们会发现存在列状态过多的场景下,在"活动的 Sprint"的看板区域会出现展示不完整的情况(对于低版本的 Jira 则会出现列挤压的情况），这降低了整体的可视化效果。此时可考虑对列状态进行精简，如把若干个关联紧密的需求状态统一划转至某列状态下。图 10-29 所示为一种精简的效果。

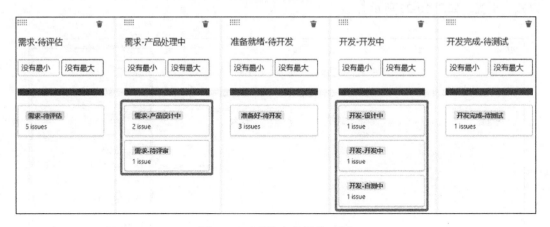

图 10-29　列状态的精简示例

经过如上操作，我们可进入"活动的 Sprint"菜单界面查看列管理配置后的效果，如图 10-30 所示。

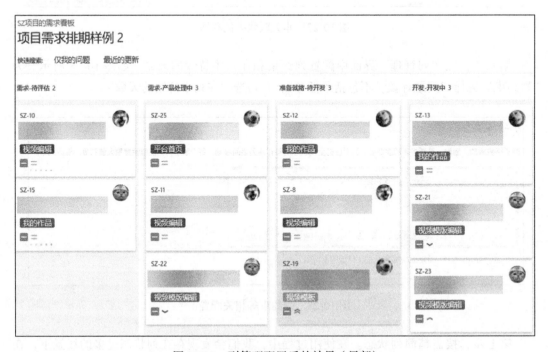

图 10-30　列管理配置后的效果（局部）

10.3.2　卡布局配置

卡布局配置旨在优化 Backlog 或"活动的 Sprint"中单个需求的显示信息,生效区域如图 10-31、图 10-32 所示。单个需求显示更多元素内容,有助于使用者通过需求列表或需求卡获得更立体的可视化信息。

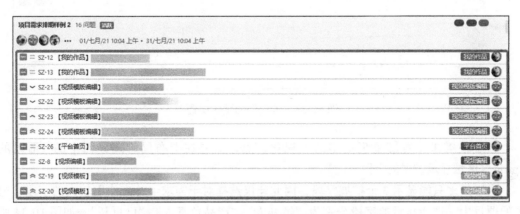

图 10-31　卡布局在 Backlog 界面中的生效区域

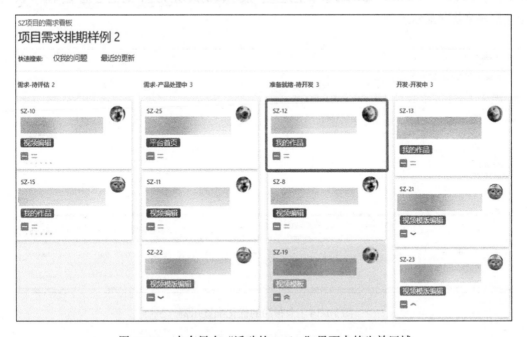

图 10-32　卡布局在"活动的 Sprint"界面中的生效区域

对于新创建的面板,卡布局默认没有新增扩展的字段,如图 10-33 所示。

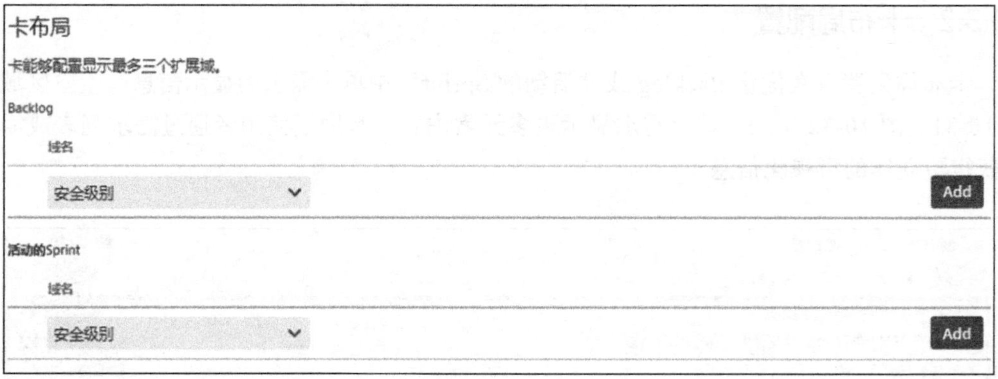

图 10-33　卡布局的默认配置

为了使需求卡能够呈现更多的可视化信息，需要在卡布局管理界面中的"活动的Sprint"区域显示扩展的字段。

由于最多只能显示 3 个扩展字段，因此建议选择对于需求卡补充作用较大的字段。笔者的项目中，选择显示的字段分别为"经办人""产品负责人""已更新"，如图 10-34 所示。3 个字段的上下顺序将影响需求卡上这些扩展字段的展示顺序，可通过拖曳调整字段的上下顺序来优化显示效果。

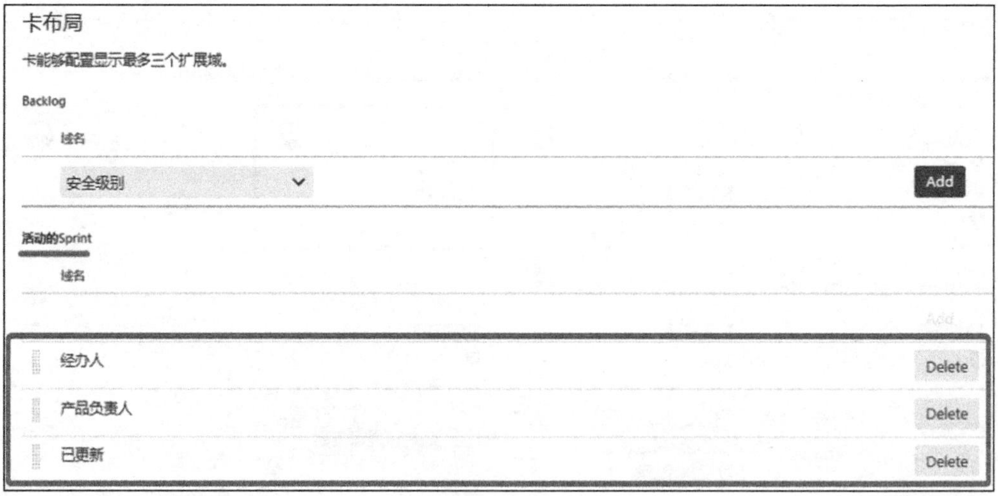

图 10-34　卡布局的优化配置示例

经过卡布局的优化配置，需求精益看板中单个需求的可读性得到进一步的提升，图 10-35 所示为优化后的效果。

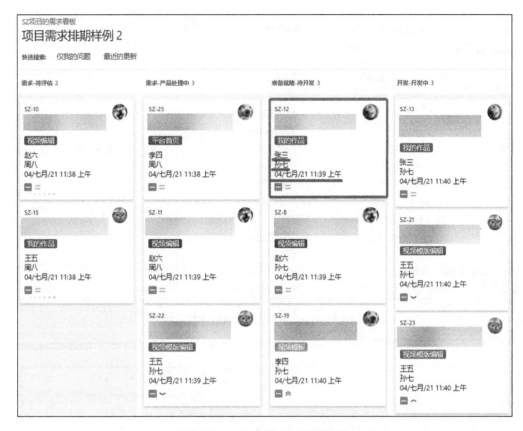

图 10-35　卡布局配置后的效果

10.3.3　问题详情视图配置

问题详情视图配置旨在优化 Backlog 界面或"活动的 Sprint"界面中的问题内容展示。如图 10-36、图 10-37 所示,在单击问题事项时,会呈现问题事项的具体内容,包括详情、人员、日期、描述、注释、附件、子任务等。

问题详情区域的展示内容并不是最优的,不仅含有一些冗余字段,而且缺少一些我们期望展示的字段。图 10-38 所示为"问题详情视图"配置界面的默认配置。

为提升问题详情区域的展示效果,需要对问题详情视图进行适当的配置与优化。图 10-39、图 10-40 所示为问题详情视图的配置示例。其中,一般域展示的字段为状态、Epic、每日进展,日期域展示的字段为创建日期、已更新(日期)、需求期望上线时间、研发预计上线时间,人员展示的字段为报告人、经办人、开发负责人、产品负责人,链接展示的字段为链接的问题。

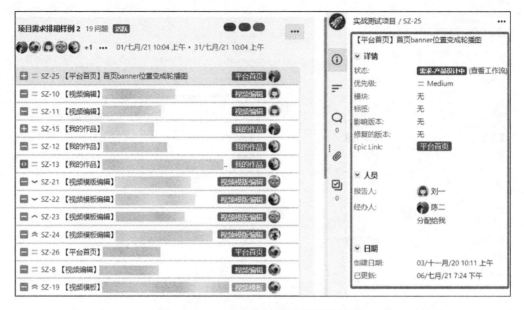

图 10-36   Backlog 界面的问题详情区域

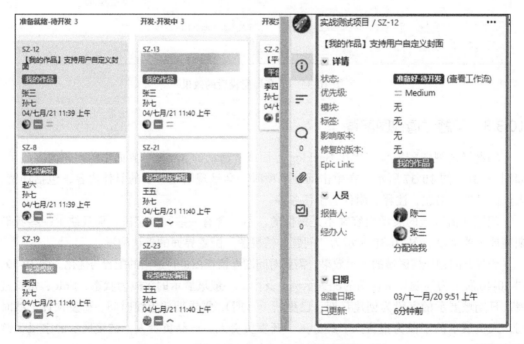

图 10-37   "活动的 Sprint" 界面的问题详情区域

问题详情视图

在问题详情视图中添加、删除或重新排序域。

一般域

域名称

安全级别 ⌄	Add
⋮ 状态	Delete
⋮ 优先级	Delete
⋮ 模块	Delete
⋮ 标签	Delete
⋮ 影响版本	Delete
⋮ 修复的版本	Delete
⋮ Epic	Delete

日期域

域名称

产品期望上线时间 ⌄	Add
⋮ 创建日期	Delete
⋮ 已更新	Delete

图 10-38　问题详情视图的默认配置（局部）

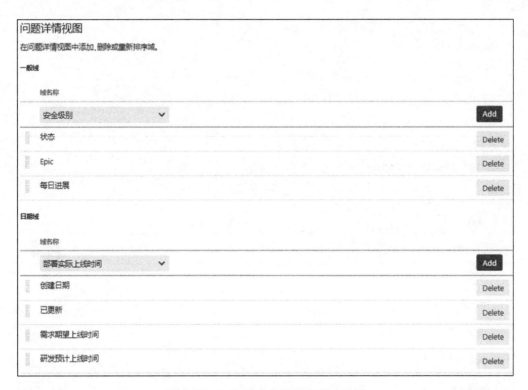

图 10-39　一般域和日期域的配置示例

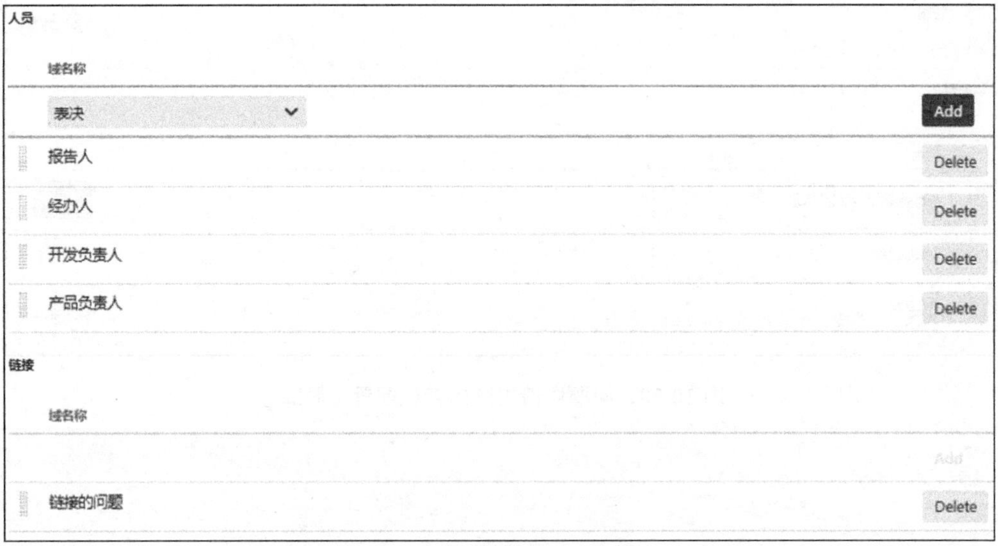

图 10-40　人员和链接的配置示例

通过配置问题详情视图，Backlog 界面及"活动的 Sprint"界面的问题详情区域得到优化，图 10-41 所示为优化后的效果。

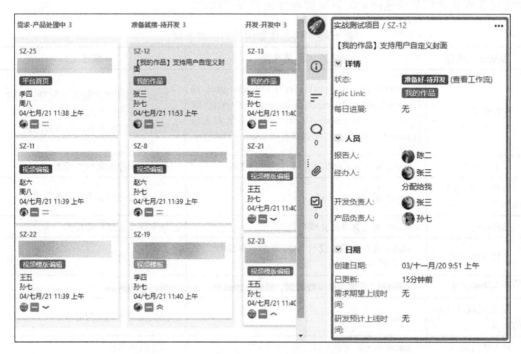

图 10-41　问题详情视图配置后的效果（局部）

10.3.4　快速搜索配置

快速搜索配置旨在优化并完善 Backlog 界面和"活动的 Sprint"界面上的快速搜索能力。图 10-42 所示为 Backlog 界面中的快速搜索区域。

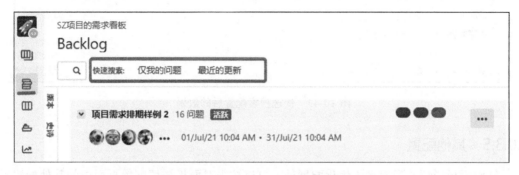

图 10-42　Backlog 界面中的快速搜索区域

对于新创建的面板，系统默认只提供 2 个快速搜索场景，无法满足更多实际应用场景的快速搜索需求，需要对快速搜索进行扩展。表 10-2 是我们自定义的一些快速搜索能力，读者可在面板详情的快速搜索配置页面新增快速搜索能力。

表 10-2　快速搜索的能力扩展示例

快速搜索名称	对应的 JQL 筛选器	描述
与我相关	creator in (currentUser()) OR assignee in (currentUser()) OR reporter in (currentUser()) OR 开发负责人 in (currentUser()) OR 产品负责人 in (currentUser()) OR 需求来源人 in (currentUser())	显示与当前用户相关的问题，创建者 / 经办人 / 报告人 / 开发负责人 / 产品负责人 / 需求来源人为当前用户
未完成的任务	status not in（异常终止或打回，已上线）	显示还未完成交付的任务
最近一周都未更新的需求	updatedDate <=-168h	显示最近一周都未更新的需求
打回的需求	status in（异常终止或打回）	异常终止或打回的需求
开发中的需求	status in（开发–设计中，开发–开发中，开发–自测中）	开发中的需求
测试中的需求	status in（开发完成–待测试，测试–测试中）	测试中的需求
测试完成待上线的需求	status in（待上线）	测试完成待上线的需求
已上线的需求	status in（已上线）	已上线的需求

通过配置快速搜索，Backlog 页面及"活动的 Sprint"页面快速搜索区域的快速搜索能力得到了提升，如图 10-43 为优化后的效果。

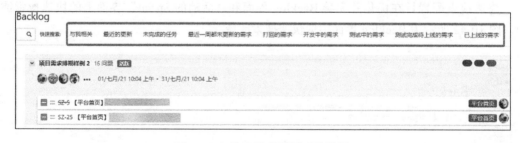

图 10-43　快速搜索配置后的效果

10.3.5　其他配置

针对面板详情的配置除了优化配置外，可以按需对面板详情配置页面中的其他配置项进行配置。

1. 通用配置

通过通用配置添加面板管理员，如图 10-44 所示。

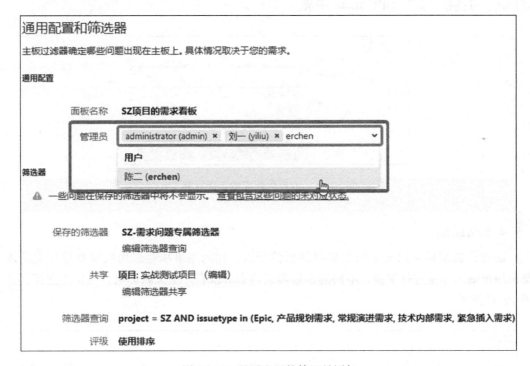

图 10-44　通用配置的管理员添加

2. 泳道配置

通过泳道配置可选择泳道，在需求精益看板场景下，建议选择"没有泳道"，如图 10-45 所示。

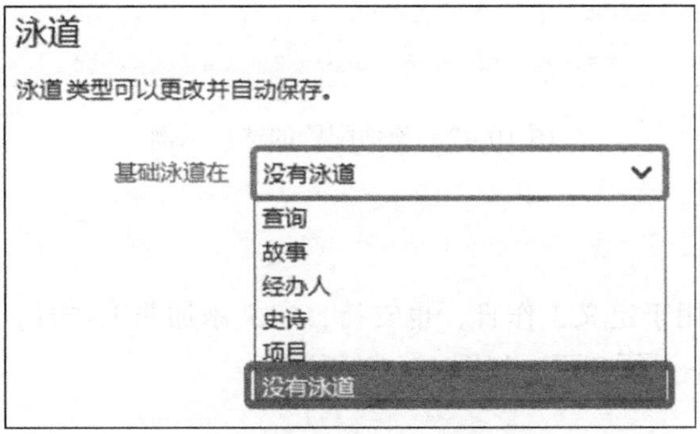

图 10-45　泳道配置的选择示例

3. 卡颜色配置

通过卡颜色配置可选择基于何种方法进行颜色分配。颜色会更加突出问题卡，若偏好简洁风，可选择"无"，如图 10-46 所示。

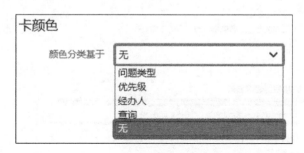

图 10-46　卡颜色配置的选择示例

4. 预估配置

通过预估配置可以改变问题事项的预估模式，如问题事项是采用故事点进行度量还是采用预估工作量进行度量，不同的预估模式也会对报表产生关联影响，可按需选择，如图 10-47 所示。

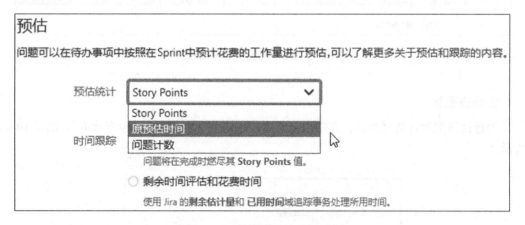

图 10-47　预估配置的选择示例

5. 工作日配置

工作日配置不止用于定义工作日，也支持自定义添加非工作日，变更工作日将影响报表的度量。一般情况下无须变更，如图 10-48 所示。

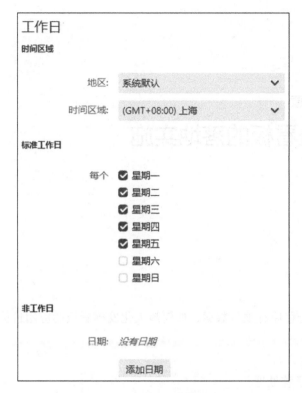

图 10-48 工作日配置的默认示例

10.4 本章小结

本章我们熟悉了 Jira 精益看板所需要的配置事项,从项目筛选器的配置到敏捷面板的配置再到面板详情的优化配置,配置事项环环相扣。以需求为关注对象的精益看板,需要配置以需求问题事项为中心的筛选器。Scrum 面板是我们落地 Jira 精益看板的面板选型,原因是 Scrum 面板不仅具备 Scrum 的整体能力,同时在"活动的 Sprint"页面中支持我们所期望实现的 Kanban 能力。面板详情的优化配置则充分发挥了看板中需求便签的可视化呈现以及整体精益看板的全局可视化效果。

至此,我们已经全部完成 Jira 精益看板整体能力的开发与配置,后续即可试用和推广该能力的应用,关于 Jira 精益看板的实施技巧,我们将在第 11 章进行介绍。

第 11 章

精益看板的落地实施

本章介绍如何迁移原有项目数据，如何最大化发挥看板的应用价值，以及看板操作的技巧。

本章要介绍的内容如下。

❑ 项目数据的迁移处理。

❑ 看板方法的核心实践。

❑ 精益看板的使用技巧。

11.1 项目数据的迁移处理

使用 Jira 进行项目需求管理，无论 Jira 精益看板的整体定制是在当前正在使用的 Jira 项目中实现，还是在新的即将启用的 Jira 项目中实现，都需要评估原有项目需求是否需要迁移。对于初次使用 Jira 的项目来讲，虽然不需要 Jira 间项目数据的迁移，但需要跨平台的项目数据迁移。

项目数据的迁移处理，旨在实现项目入口统一和项目数据的集中化管理。本节介绍 3 种典型的项目数据迁移场景。

11.1.1 同 Jira 项目的数据迁移场景

如果 Jira 精益看板的整体能力是在当前正在使用的 Jira 项目中实现的，则实现后我们会发现当前正在使用的 Jira 项目存在新老问题类型并存的情况。

在这种场景下，老问题类型的数据需要继续使用，由于 Jira 精益看板的定位是对新问题类型下的工作事项进行管理，因此老问题类型在 Jira 精益看板上会存在兼容问题。

在这种场景下，最佳的处理方式是实现对老问题类型的数据迁移，整体思路为在该项目下创建指定的筛选器，实现对老问题类型在 Backlog 下的集中管理，随后把老问题类型的全量数据批量迁移至新的问题类型，同时在问题类型入口处去除对后期 Jira 精益看板的管理对象存在干扰的老问题类型。

通过上述操作，我们即可实现同项目下在问题类型入口上的统一约束，也满足了新老数据能够在 Jira 精益看板上统一呈现的诉求。

下面以同 Jira 项目下的数据批量迁移为例进行介绍。

第一步，在 Backlog 页面通过快捷键 Shift 或 Ctrl+ 鼠标左键选中待迁移的问题记录，被选中的记录会增加背景底色，如图 11-1 所示。

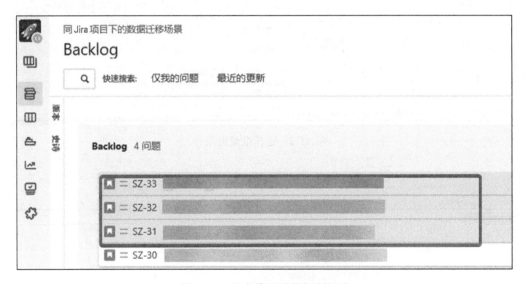

图 11-1　选中待迁移的问题记录

第二步，在背景底色处，单击鼠标右键，在弹出的选项中触发"批量更改"，如图 11-2 所示。

第三步，进入"选择操作"页面，选择要执行的操作，如图 11-3 所示，选中"移动问题"的操作类型，随后单击"下一步"。

第四步，进入"操作明细内容"页面，选择需要迁移的目标问题类型，随后单击"下一步"，如图 11-4 所示。

第五步，在"操作明细内容"页面选中合适的目标工作流状态，随后单击"下一步"，如图 11-5 所示。

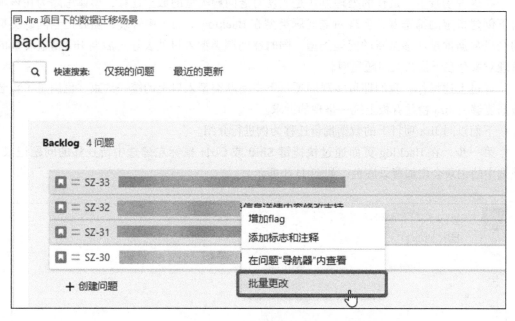

图 11-2　选择批量更改

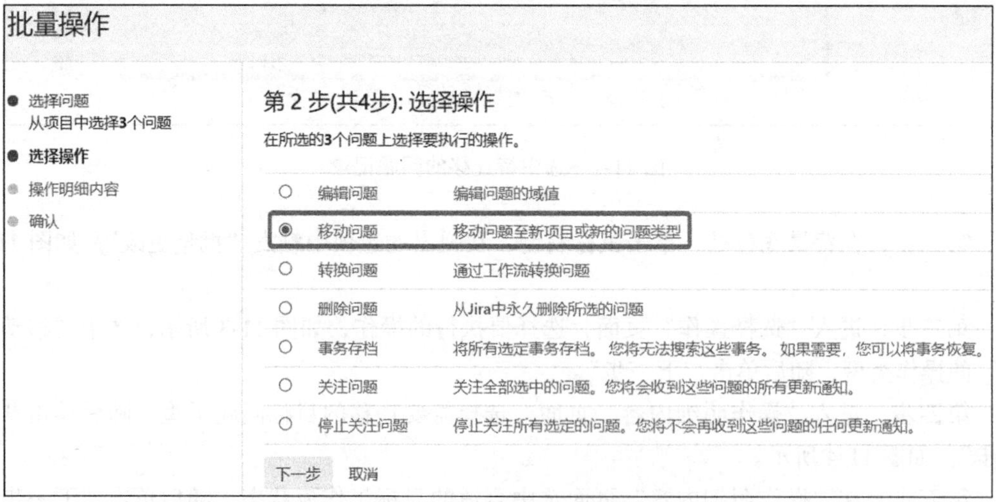

图 11-3　选择"移动问题"操作

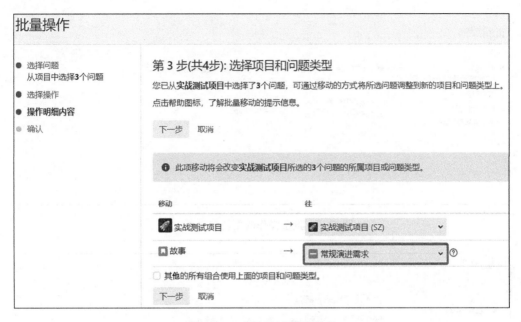

图 11-4　选择目标问题类型

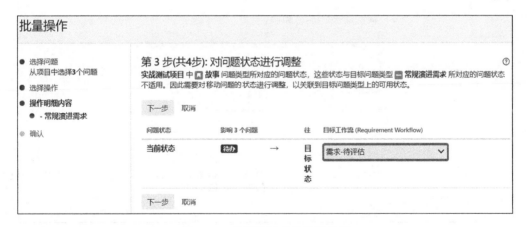

图 11-5　选择目标工作流的状态

第六步，在"操作明细内容"的域更新提示页面单击任意一个"下一步"，如图 11-6
所示。

第七步，进入"确认"页面，如图 11-7 所示。在该页面可单击任意一个"确认"按
钮，完成整体迁移操作。

批量操作
选择问题
从项目中选择3个问题
选择操作
操作明细内容
- 常规演进需求
确认
第 3 步(共4步): 对目标问题类型所属字段的值进行更新
对 实战测试项目 中 故事 问题类型的字段的值进行更新。
已选中的: 所有原始字段中的值将被保留。此字段将不会更新为新的值。
未选中的: 所有字段的值将被覆盖为新的值。
下一步 取消
所有域值将被保留。
下一步 取消

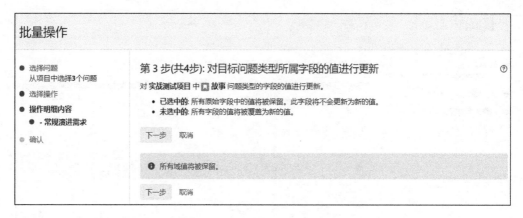

图 11-6　批量操作的更新提示页面

批量操作
选择问题
从项目中选择3个问题
选择操作
操作明细内容
确认
第 4 步(共4步): 确认
下面汇总了所有问题的移动操作。请确认输入的修改全部正确。
实战测试项目 - 常规演进需求
确认 取消
实战测试项目 — 常规演进需求
此项移动将会改变 实战测试项目 所选的 3 个问题的所属项目或问题类型。
问题目标
目标项目
实战测试项目
目标问题类型
常规演进需求
工作流
目标工作流
Requirement Workflow
状态对应
原始状态
目标状态
待办
需求-待评估
确认 取消

图 11-7　批量操作的更新确认页面

提示 在迁移的过程中，建议根据原有问题的大致需求分类，有针对性地分批选择和分批更改合适的目标需求类型，以避免采用同种需求类型承接被迁移对象。

若被迁移的问题类型存在重要的自定义字段，建议在所要迁往的目标问题类型中也增加该字段，避免更改问题类型后，因没有正确的字段产生承接映射，丢失原有数据。

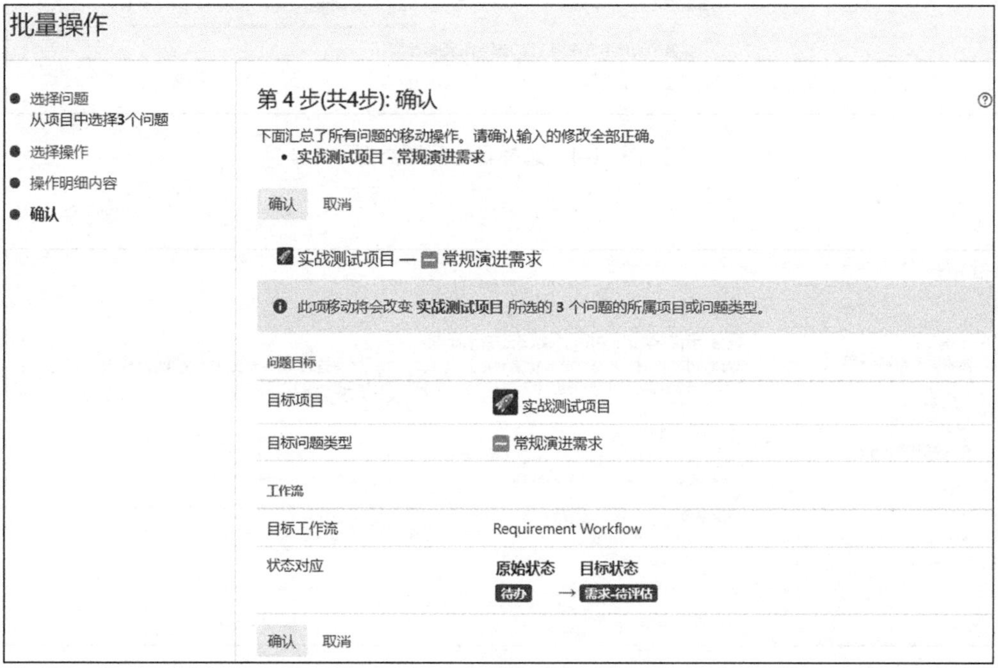

11.1.2　跨 Jira 项目的数据迁移场景

如果 Jira 精益看板的整体能力是在一个全新的即将启用的 Jira 项目中实现的，则我们要启用该 Jira 项目实现项目需求的管理，同样需要把原有 Jira 下的项目需求数据按需迁移到新的 Jira 项目中。

在这种场景下，新 Jira 项目对应的问题类型入口可提前实现精简，去除对于后期 Jira 精益看板的管理对象存在干扰的问题类型。

最佳的处理方式是按需将要跟踪的问题事项迁移到新项目的新问题类型下。整体思路为在原有 Jira 项目下创建指定筛选器，对未完成事项在 Backlog 下进行集中管理，随后将未完成事项的数据批量迁移到新 Jira 项目的新问题类型下。可以修改原有 Jira 项目的名称，也可以在原有项目名称后标注"已停用"等文字。

通过上述操作，即可实现跨项目下的项目数据迁移，实现新老项目数据在新 Jira 项目下的统一管理，并对项目入口进行统一约束引导。

跨 Jira 项目的数据批量迁移与 11.1.1 节的同 Jira 项目的数据批量迁移的操作相似，只是在"批量操作"的第三步需要根据实际情况，对目标项目进行选择，如图 11-8 所示。

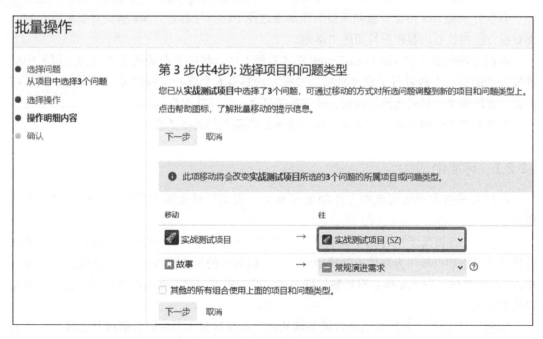

图 11-8　选择要迁往的目标项目

11.1.3 跨平台的数据迁移场景

对于首次使用 Jira 实现项目需求等问题管理的团队来说，Jira 精益看板的能力属于较为高级的，此时应优先适应 Jira 平台的使用习惯。

因为对应的项目数据已在其他平台或工具上实现了管理，所以为了更快启用 Jira，实现整体项目的运作，建议设立过渡期，逐步完成 Jira 项目的启用和原有平台的弃用。

Jira 在这种场景下对于项目团队来讲是一个全新的平台，团队成员需要有一个适应的过程。过渡期内，建议先选取未来一个月的待办事项在 Jira 平台上进行填充和跟踪处理。对于超过一个月的待办事项，可以在过渡期内逐步分批次填充。过渡期内新增的项目需求或缺陷等数据统一采用 Jira 实现记录和维护。在过渡期的后期，整个项目团队力争弃用原有平台。

跨平台的数据迁移，仅需迁移待办、待跟踪事项，无须对原平台内的所有数据进行迁移，从而大幅降低迁移难度和减少迁移带来的工作量。

11.2 看板方法的核心实践

看板方法是 Jira 精益看板在项目实施落地过程中的指导思想。Jira 精益看板能够有效支撑看板方法的核心内容在项目团队中落地。

看板方法创始人 David J. Anderson 在《看板方法：科技企业渐进变革成功之道》中对看板方法的核心实践进行了高度总结。看板方法具有 6 个核心实践内容：可视化、限制在制品、管理流动、显式化流程规则、建立反馈环路、协作式改进。

本节介绍 Jira 精益看板在落地看板方法核心实践上的具体体现。

11.2.1 可视化

可视化是指实现价值流和工作项的可视化，借助可视化能力实现团队更高效的协同协作。

Jira 精益看板属于平台化工具载体，与物理看板在可视化管理上具有明显差异。物理看板主要以物理白板作为载体绘制价值流，以不同颜色的便签代表工作项。Jira 精益看板以 Jira 平台为载体，在 Jira 精益看板整体能力的"活动的 Sprint"页面可以直观地看到价值流以及工作项。

如图 11-9 所示，我们可以在看板头部从左往右看到整个看板的价值流状态设计。可通过列状态快速识别该状态下有哪些工作项，也可以通过列状态后方的数值获知对应列的工作项数目。通过快速搜索功能，可以筛选出符合搜索条件的工作项并呈现。

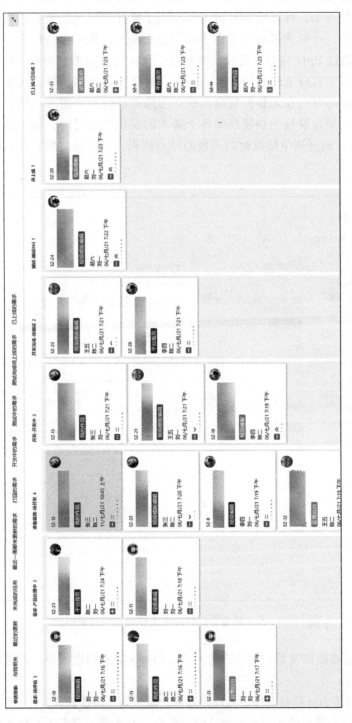

图 11-9　Jira 精益看板的价值流效果示例

  Jira 精益看板对单个工作项也进行了出色的可视化设计，如图 11-10 所示。通过工作项便签标识问题类型，可以获知对应工作项属于哪种需求问题类型；通过经办人头像以及经办人的名称，可以获知对应工作项的当前处理人；通过标题概要，可以获知便签所代表的需求；通过 Epic 内容，可以获知对应工作项所属演进方向或模块分类；通过产品负责人，可以获知对应工作项的产品人员；通过已更新时间，可以获知需求最新产生更新的时间（已更新时间在面板配置时也重点考虑选择使用"需求期望上线时间"进行替代，这样即可在精益看板上快速获知各个需求的期望交付时间，便于参考这一时间维度优化需求排期）；通过列中持续时间天数的原点标识，可以获知需求在对应列的持续时间情况。

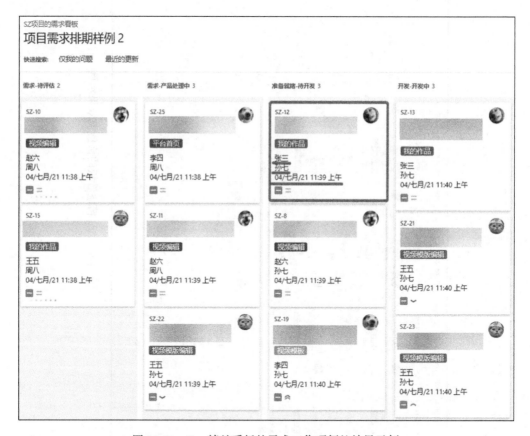

图 11-10　Jira 精益看板的需求工作项便签效果示例

  我们可以通过看板快速感知需求在经办人、Epic、需求问题类型、价值流状态等维度上的整体分布情况。

  为了更好地打造 Jira 精益看板的可视化效果，提供如下操作建议。

  ❏ Jira 的用户头像不可采用系统默认的空头像，空头像不具备可视化属性，会给团队带来的一定的识别困难。建议每个团队成员采用个人喜欢且有标识性的图片作为头像。

☐ Jira 项目的项目标识英文编码在具有项目标识性的同时，编码长度不超过 6 个字母。在编码较长的情况下，Jira 问题编号也较长。必要的简化可增加可视化效果，也便于记忆和手动输入检索。

☐ Jira 项目的 Epic 须根据演进需求或所属模块的特点，在命名上具有标识性。当存在多个产品共用一个 Jira 项目的情况时，对 Epic 的有效命名可以降低理解难度，可采用 "产品英文缩写标识 – 演进需求简称" 的格式对 Epic 命名。Epic 的长度也须适当控制，避免因 Epic 过长而无法在看板的便签中完整展示，建议控制在 10 个字符（含英文）以内。

☐ 看板中的工作项概要描述建议有所提炼，避免概要描述以流水账的模式记录。

☐ 看板工作项便签中的扩展显示字段在 Jira 精益看板定制案例中选择的 "经办人" "产品负责人" 和 "已更新" 3 个字段，可按需进行修改和调整。扩展字段在实际处理工作项时，建议进行有效的填充。

☐ 用户可对看板所使用的浏览器进行适当的页面缩放以获得更佳的全局可视化效果。因 Jira 精益看板扩展的价值流状态列较多，在未进行浏览器页面缩放的情况下，我们会看到状态列以及每个列中的工作项存在明显的挤压现象，影响使用体验。建议将看板所使用的浏览器页面缩放至 80%，具体缩放比例可按最优可视化效果自行调整。

11.2.2　限制在制品

限制在制品一方面减少团队过载，以更好地实现项目事项的流动交付，另一方面充分暴露团队协作、资源分配等各类问题，为进一步改进流程提供着力点。

在制品是指需要完结才能交付最终客户价值的半成品，在 Jira 精益看板案例中，除了处于已上线状态的事项属于完成的成品，处于其他价值流状态列的事项皆属于在制品。

如图 11-11 所示，Jira 精益看板已经可视化显示了每个价值流状态列对应的工作项数目，同时也支持设置状态列最大工作项承载数目，当超出最大工作项承载数目时，对应列的列头会以红色标识警示超出限制。

限制在制品对于团队来讲并不意味着可以做更少的工作，而是指减少并行处理的工作。从整体效果来讲，限制在制品帮助我们在周期时间内更迅速地完成更多的工作。

并行处理的工作越多，团队成员在工作项之间上下文切换的频次就越高，每一次上下文切换对于整个交付流程来讲可能都是一种浪费，成员在这种情形下无法聚焦于单项工作，从而不利于快速交付工作。

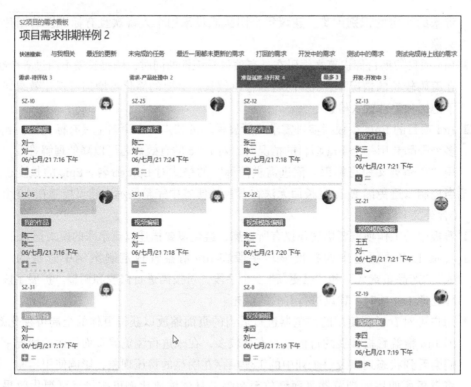

图 11-11　Jira 精益看板的在制品数目警示

在制品较多时，容易产生批量交付的情况，在批量交付的场景下，不利于缺陷问题的快速反馈，由此带来的缺陷修复成本也较高，引入的质量风险也较高，不利于工作事项的快速流动。更多的在制品意味着更多的风险与开销，风险在于团队不能快速应对变化，成员更容易被周遭环境的变化所影响；开销在于更多的并行工作意味着更多的协调成本，由此会产生更多的新工作，成员的时间和精力被更多的协调工作所占据。总之，限制在制品能够使我们所处理的工作事项获得更快的流动和更短的前置时间。

为了更好地实现限制在制品，提供如下操作建议。

❑ 建立团队对限制在制品的认知。

❑ 将限制在制品应用于需要的状态列。限制在制品无须对所有列的在制品进行限制，可按照职能参与方进行分解，如产品侧可对"需求 – 产品设计中"中的在制品数目进行限制，而无须强制限制"需求 – 待评估""需求 – 待评审"阶段的在制品数目。建议当对应的状态列包含"需求 – 产品设计中""开发 – 设计中""开发 – 开发中""开发 – 自测中""测试 – 测试中"价值流状态时，重点考虑所归属状态列的在制品设置。

❑ 在制品数目可在实践中持续优化。我们限制在制品，并不是说在制品越少越好，在制品在过少反而会引起人力资源的闲置。建议各职能方根据对应项目下的人力规模

进行预估，如产品侧成员 2 人，可设置"需求 – 产品设计中"状态列的最大在制品
数量为 4，后续再根据实践效果进行优化和调整。

❑ 控制在制品的规模。我们提及更多的是对在制品的数目进行限制，实践中也需要对
在制品的规模进行必要的控制。当我们的需求属于一个重大功能时，若未对此需求
进行必要的拆解，将其直接流动到开发侧，则开发团队也会存在因为这个单一需求
而过载的情况。建议这种规模较大的需求在流动到"开发 – 设计中"环节时，务必
进行必要的拆解，拆解后的小需求尽可能满足局部交付。

❑ 及时处理限制在制品后暴露的问题。借助看板的可视化能力，我们能够很容易地识
别每个状态列的在制品情况。当"开发完成 – 待测试"出现明显的在制品堆积时，
我们可判断测试资源是否在当前团队中达到瓶颈，从而评估并调整已有工作或申请
增添资源以缓解在制品的堆积。

11.2.3　管理流动

管理流动旨在实现工作项在价值流各环节中的顺畅流动，持续快速地交付最终价值。
Jira 精益看板的可视化能力能够帮助我们获知整体工作项的流动情况。

Jira 精益看板针对工作项的流动情况建立了可视化的持续天数标识，如图 11-12 所示，
持续天数标识表示工作项所在状态列的周期。持续天数标识的点数越多（点数越多，越靠
后的点的颜色越明艳），对应工作项在该列中停留的时间越久。当鼠标指针移至持续天数标
识区域时，会提示具体的停留天数。由此，我们可以借助工作项的持续天数标识掌握对应
工作项的流动情况，对整体看板中流动停滞或阻碍的需求进行必要的评估和处理。

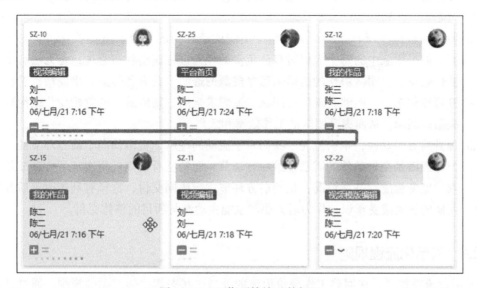

图 11-12　工作项持续天数标识

我们可借助快速搜索能力来快速了解需求流动的情况。如建立近一天更新问题的快速搜索条件，可以快速可视化呈现最近一天产生状态流动行为或问题内容更新的工作项。

为了实现 Jira 精益看板的管理流动能力，提供如下操作建议。

❑ 限制在制品的数量与大小。已在 11.2.2 节进行阐述，此处不再赘述。

❑ 限制批量流动，实现持续交付。批量流动是对看板上 3 个以上的需求同时由某相同状态流动切换至相同的另一种状态，如需求统一由"需求 – 待评估"状态迁移至"需求 – 产品设计中"状态，或者统一由"准备好 – 待开发"状态迁移至"开发 – 设计中"状态。这种批量流动模式会对稳定的流动和可预测性带来影响，同时也会造成人力资源在过程处理中产生局部空闲或局部过载的情况。如开发人员已完成需求开发任务，需要等待需求任务积累到指定数量，才能处理新的需求任务，这样开发人员的等待就是人力资源的闲置。当需求任务统一进入开发过程，开发人员在有限的时间下并行兼顾多项需求任务，容易产生人力资源过载。

❑ 质量内建，减少浪费。质量是整个交付过程都需要关注的重要指标。质量内建是指在交付过程的每个环节或每个职能都对所负责的过程及交付进行质量把控，避免把质量把控的压力倾斜至测试环节或测试人员身上。质量内建是有效减少返工的重要手段，更是增强有效流动的必要条件。

❑ 可产生必要的等待，按需集中处理"需求 – 待评审"状态的工作项。有效的流动背后，我们需要追寻更高效的流动。有的等待是因为人力资源受限，加上需要对在制品进行控制所产生的，如处于"准备好 – 待开发"状态的需求开发任务需要等待满足可处理条件时，才能进入后续的处理；而有的等待恰好是为了集中进行统一处理，在"需求 – 待评审"环节产生必要的等待，反而能够提升团队间的协作和减少工作打断。

❑ 使用看板组织每日站会，关注整个组织的流动情况。流动需要项目团队的全员参与，如果团队中的每个人仅对自己负责的任务进行流动状态管理，是无法有效提升协作效率的。团队协作的前提是信息资源的透明、共享和传递。借助精益看板的高度可视化能力，能够实现项目团队掌握需求全局、整体需求的阶段变化或沟通并解决阻碍问题，从而提升团队的工作效率和效果。

❑ 提升后方主动性，牵引流动。我们对于流动的理解，更多偏向于前方环节的人主动把已经满足交付条件的需求推给后方环节。而精益看板则期望实现后方环节基于需求的紧急程度、进展情况，拉动前方环节进行协同交付，这样有利于改善后方职能团队的被动接受意识，作为后方职能也能主动参与项目的整体交付。

11.2.4 显示化流程规则

显示化流程规则旨在明确工作项价值流的处理或状态切换须遵循的规则。通过显示化流程规则,实现拉通、引导或约束整体交付流程。

价值流状态列的设置呈现了工作项的流转规则,每个价值流状态列都蕴含着相关的迁入准入标准。利益干系人和团队需要就流程规则的使用达成一致。比如"准备好-待开发"状态的准入需要产研测对需求的理解达成一致,没有明显的需求产品设计问题,从而减少低质量需求或尚未讨论的需求混入该阶段。

关于 Jira 精益看板的显示化流程规则,提供如下操作建议。

❑ 重点关注跨职能状态的规则设置。精益看板中的需求从开始的填充到最终的交付验收,经历了多个职能角色的协作和过渡。当需求的处理过程在职能角色间切换时,如果直接处理人发生变更,更容易存在交接协同的问题。显示化流程规则的实践,重点关注跨职能状态的规则设置和达成共识。在笔者的实践中,产品人员与开发人员之间的"准备好-待开发"跨职能状态、开发人员与测试人员之间的"开发完成-待测试"跨职能状态,不仅是对应需求状态的切换,更需要上游职能角色交付适当的文档材料便于下游职能角色处理。

❑ 规则设置嵌入质量内建原则。在笔者的实践中,在"需求-待评审""开发-自测中"阶段重点进行了质量内建原则的嵌入。其中"需求-待评审"阶段要求产研测三方对产品侧设计交付的产物进行评审,"开发-自测中"阶段则要求开发人员对即将交付测试的产物进行自测。

11.2.5 建立反馈环路

建立反馈环路旨在实现过程问题的闭环处理,通过反馈环路建立发现问题与解决问题的渠道,以优化并提升精益看板或项目处理的执行效果。

关于建立反馈环路的实践,提供如下操作建议。

❑ 开展日常精益晨会。精益看板毕竟只是一个工具,在精益晨会上借助精益看板的可视化能力对已有进度、项目过程、目标协同信息进行共享和讨论,构建流动能力。精益晨会是精益看板持续落地和不断优化与改进的源泉。

❑ 开展阶段性项目回顾。精益晨会聚焦于时效性较强的项目,如最近一天内的工作进展,对于阶段性或周期性的项目总结,更需要开展阶段性的项目回顾复盘。如在 Sprint 关闭时点前后,组织 Sprint 工作整体审视回顾,或两周、1 个月等固定频次进行项目执行工作的整体审视与回顾。通过阶段性的项目回顾复盘,提升组织成熟度,实现组织持续改善行动的能力。

❑ 以度量数据建立流动和效能感知。我们可基于 Jira 平台原生提供的报表能力度量和感知指定项目或指定周期内的项目整体流动情况。借助度量数据更立体更完整地感知整体流动和效能情况,需要建立埋点和进行必要的基础开发,可通过附录 B 的效能度量示例进行了解。

11.2.6　协作式改进

协作式改进旨在引导团队根据自身情况、项目情况进行必要的优化，实现看板方法的持续演进。

可视化、限制在制品数量，能够暴露产品交付中的问题和瓶颈。只发现问题还不够，重要的是如何去解决它们。有时解决瓶颈的方法可能是临时加班、分配更多的资源等。很多时候解决瓶颈需要提高瓶颈之前环节的输出质量，甚至是重新设计工作项的价值流。

对于偶然出现的问题，一般只需要临时性的解决方案，如应对突发性高负荷，可以暂时分配更多资源。而对于系统性问题，如持续的负载不均衡，则需要长期的方案和更加系统、科学的模型指导。精益软件开发的 7 个原则是一个典型的指导模型，该模型本身不属于看板方法的一部分，但它让长期的改进有章可循。

关于精益软件开发的 7 个原则，提供如下解读。

1. 消除浪费

在应用程序开发中，浪费是指不会给客户带来任何商业价值，并且不会提高正在开发的产品的质量或加快项目的发布时间。

2. 增强学习

软件开发是一个不断发现、不断学习的过程，在这个过程中会涌现出很多新的知识和信息，充分利用这些信息将帮助团队把软件做得更好。通过尽快交付，快速获取信息，能有效增强我们对未知事物的理解。不要过早框定自己，保持灵活性，以便获取新知识。

3. 尽量延迟决策

延迟决策意味着在获得足够的信息之前，不要草率下决定，或者在不得不做出决策的时候（影响业务目标时）再下决定。决策尽可能基于充分的信息分析，而不是依赖于对这些信息的假设。如果提前做出决定，意味着必须做各种假设，这将造成一定的风险，譬如在需求不清晰的时候给出项目的时间估计；在没有充分调研的情况下决定采用某种技术。与延迟决策配套的是快速响应的能力，如果做不到快速响应决策，是无法延迟决策的。这也意味着系统的架构设计要能容纳变化，高内聚、低耦合。

4. 尽快交付

尽快交付能够使客户更早看到产品，使产品更快投入市场，更早回收产品价值。尽快交付缩短了用户对产品的反馈循环，避免创造客户不需要的内容。尽快交付还可以暴露价值交付流程中存在的问题，促使这些问题得到妥善解决。

5. 授权团队

工作在一线的人最了解实际情况，他们知道现在发生了什么，知道当前情况下的最佳应对方法。要让他们熟知每天使用的工具、流程、规则以及背后的原因,完全具备足够的知识提出改进意见。获得授权的团队会产生更强的动力和更好的创造力。

6. 质量内建

在开发过程中,要求软件生命周期之间参与的各个角色都需要实时对软件的质量负责。确保软件在交付到下一环节前有质量保证。其核心目的就是减少因为质量问题导致的返工。

7. 着眼整体

整体的表现,通常受制于各局部之间的协调配合。对局部的优化,有时候会影响整体的协调一致,若局部优化不能带来整体的改善,就是没有价值的。

11.3　精益看板的使用技巧

Jira 精益看板的操作涉及一些使用技巧,掌握这些使用技巧能够让精益看板的落地过程更加顺利,同时能够有效提升我们的操作效率。本节分别从看板、筛选器、需求状态切换 3 个维度介绍一些切实可行的使用技巧。

11.3.1　看板的使用技巧

落地精益看板的团队,实现协作的核心就是看板。关于看板的使用技巧,提供如下参考。

- ❑ 养成及时维护的好习惯。需求对应的相关人员需要及时维护精益看板中相关需求的状态,避免因状态维护不及时带来需求信息偏差引发的协同问题。
- ❑ 可通过鼠标控制浏览器页面缩放,获取更完整、紧凑、可视化效果更佳的 Jira 精益看板。
- ❑ 引导每个 Jira 用户创建专属用户头像,具有差异化的头像能帮助我们在 Backlog 页面或活动的 Sprint 页面上识别成员。
- ❑ 联动性需求可通过需求复制的方式实现多方需求同步管理,不建议使用子任务模式。以前端需求为例,若识别需要数据端联动支撑,则在创建完成前端需求后,复制当前需求并分配给数据端;对复制得到的需求,可在标题中增加数据端标识以增强可识别性,经办人变更为数据端处理人;在原需求和衍生复制的需求中可以看到关联的需求进度;可以在规划挂载精益看板需求时,实现需求步调的有效联动。
- ❑ 精益看板上的需求便签不是所有人都能移动的,除了看板管理员,其他成员只能拖曳自己经办的需求。流程有两个环节会涉及经办人的变更，分别为"准备好 – 待开发"和"开发完成 – 待测试"。需求便签支持跨多个状态的状态迁移，以增强操作灵活性。

❑ 创建看板（面板）时，所采用的依赖建议选用筛选器方式，而非项目方式，筛选器方式可以更好地满足所需内容的精准呈现。

❑ 在 Backlog 页面可实现工作项与 Epic 的关联。如图 11-13 所示，展开左侧的 Epic 列表，选中需求后，向史诗列表中对应的 Epic 进行拖曳，即可完成需求与对应 Epic 的挂载关联。

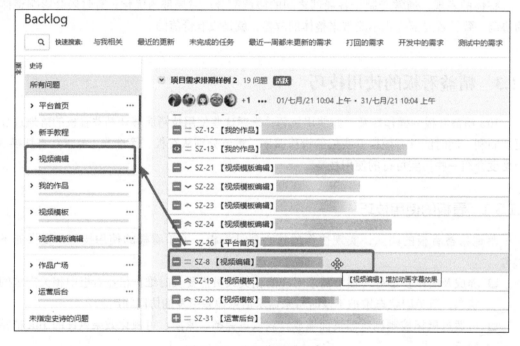

图 11-13　为工作项关联 Epic

❑ 若不期望在 Backlog 页面中的 Epic 列表显示多余的 Epic，可借助高级筛选器对 Epic 进行精简。

❑ 巧用快速搜索功能，可按需定制更多的快速查询条件。

❑ 一般情况下，在关闭旧的 Sprint 前，建议先创建新的 Sprint。当旧的 Sprint 中存在未完成的需求，需要顺延到新的 Sprint 持续开展时，可在活动的 Sprint 页面单击"完成冲刺"按钮，将未完成的需求移动至指定的新的 Sprint 进行持续跟踪管理，如图 11-14 所示。

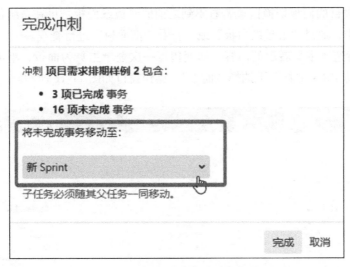

图 11-14　"完成冲刺"操作窗口

❑ 如果想变更工作项的经办人或调整一些在问题编辑页面才能调整的字段，除了可以进入具体工作项的详情页面进行编辑外，也可以单击 Backlog 页面或活动的 Sprint 页面的具体工作项问题详情区域右上角的"..."，进入编辑页面进行编辑，如图 11-15 所示。

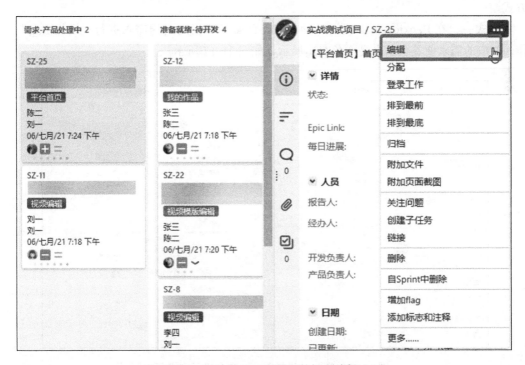

图 11-15　活动的 Sprint 页面的问题编辑入口

❑ 在具体项目的面板切换区域若看不到之前的看板或面板，可在系统顶部导航栏的面板菜单中，通过"最近的白板"或"查看全部面板"进行查找。

❑ Jira 支持选择主页展示的内容，如期望每一次登录主页为面板，单击"用户信息"，在"我的 JIRA 主页"下选择"面板"，操作窗口如图 11-16 所示。

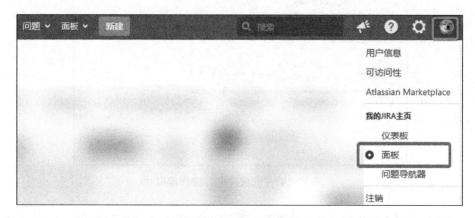

图 11-16　Jira 主页的操作窗口

精益看板上的需求可以通过更好的表达方式呈现重要性或优先级，下面介绍两种表达方式。

方式一，在 Backlog 页面或活动的 Sprint 页面对期望突出的需求进行"增加 flag"操作，对应的需求便签会以高亮颜色突出展示，如图 11-17 所示。

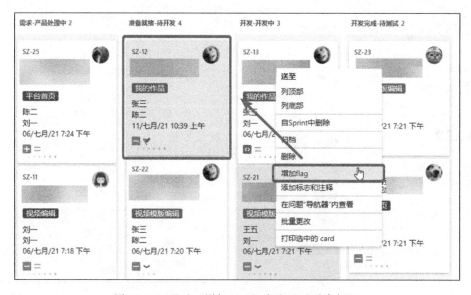

图 11-17　通过"增加 flag"突出显示需求便签

　　方式二，在活动的 Sprint 页面中调整需求便签的上下排序，呈现需求的优先级。如图 11-18 所示，鼠标拖曳相关需求便签，实现顺序调整。

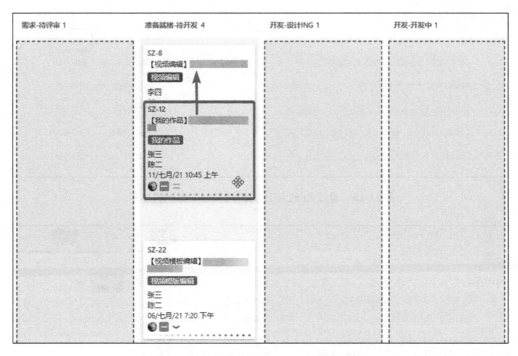

图 11-18　需求便签的上下顺序调整

11.3.2　筛选器的使用技巧

　　筛选器能够支撑我们对问题进行有效的筛选，同时筛选器也是我们创建看板（面板）的重要依赖。关于筛选器的使用，下面介绍一些使用技巧。

- ❑ 使用筛选器获取并导出工作项列表，可通过项目名称、问题类型、所属业务线、Sprint 进行过滤。若期望导出的任务排序与 Sprint 排序相同，则添加 Rank 字段进行排序即可实现，如图 11-19 所示。
- ❑ 在保存筛选器时，通常会为其定义需要显示的列，可能下次登录时发现当初定义显示的列已产生变化。这个问题可通过列配置进行处理，如图 11-20 所示，在进入指定的筛选器后，通过列配置的"筛选器"选项设置需要展示的列。再次进入该筛选器后，将自动呈现选择的列。

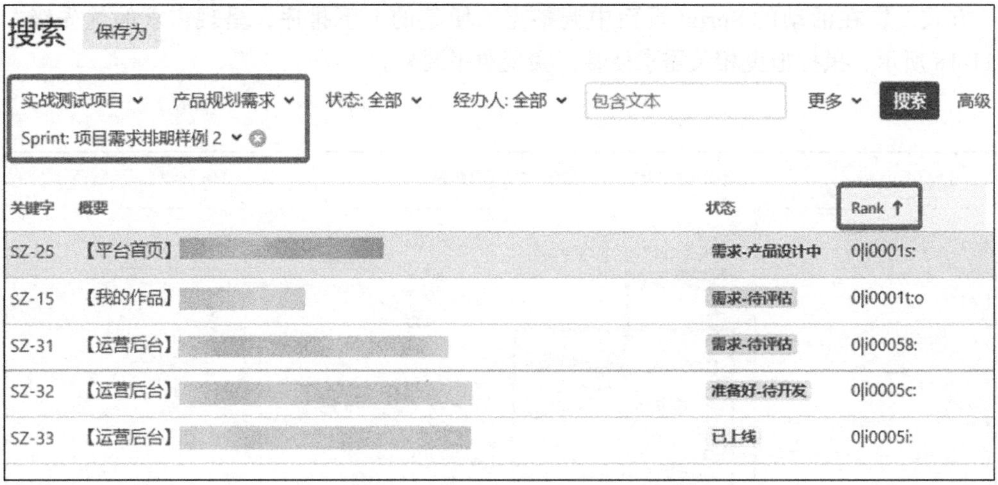

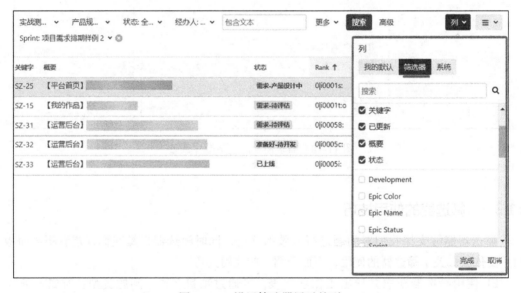

图 11-19　通过 Rank 字段实现同 Sprint 相同的排序

图 11-20　设置筛选器展示的列

- 共享筛选器的方式是打开保存后的筛选器，单击"详情"，在弹出的窗口中单击 "编辑权限"，随后在编辑筛选器页面按需选择共享给指定项目或角色，如图 11-21 所示。
- 筛选器在选择列时，可模糊查询字段，只支持右模糊匹配，如查询"产品累计投入 人日"，搜索中输出"产品"两字可检索到对应列，但输入"累计""人日"等词无 法进行模糊查询，如图 11-22 所示。

图 11-21 筛选器共享权限编辑入口

图 11-22 筛选器的列模糊查询示例

❑ 若期望对某筛选器进行多维度数据分析,并显示在仪表板上,需要先打开指定筛选器,在筛选器列表页面单击"导出",如图 11-23 所示;随后选择"仪表板图表",在弹出的窗口中选择所需的数据分析维度。具体的维度可通过如图 11-24 所示的编辑入口自定义。

图 11-23　筛选器的仪表板图表添加入口

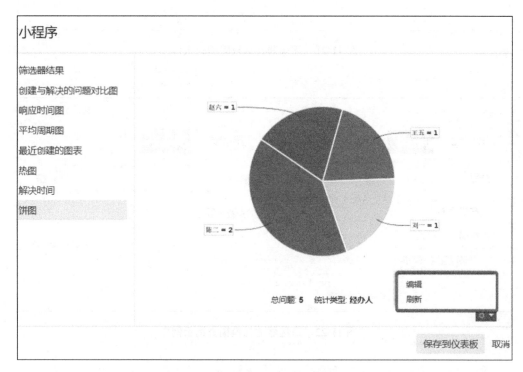

图 11-24　统计类型的自定义编辑入口

❑ 通过筛选器查看需求或缺陷的详情，通过如下途径可以减少进入跳出的操作，以提升查看效率：打开指定筛选器，把视图展示模式切换为"详细视图"，如图 11-25所示。

图 11-25　筛选器的视图展示模式切换入口

11.3.3　需求状态的切换技巧

需求状态的切换流转是精益看板的常规操作，关于需求状态的切换有多种操作方式。

方式一，在活动的 Sprint 页面上，移动鼠标至待切换的需求便签，单击鼠标左键拖曳需求到目标状态区域，释放鼠标即可实现状态的切换，如图 11-26 所示。

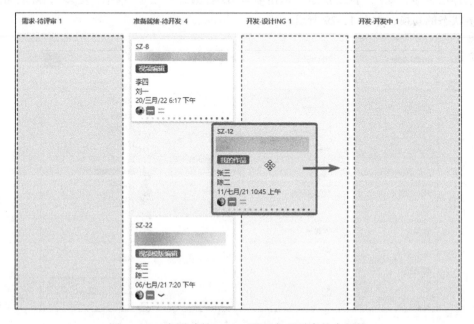

图 11-26　在活动的 Sprint 页面实现需求状态切换

方式二，进入待处理需求的问题详情展示页面，单击需求标题下的工作流状态，实现状态的切换操作，如图 11-27 所示。

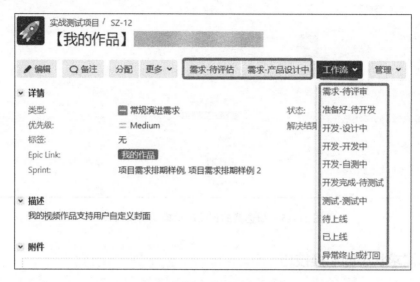

图 11-27　在具体需求的问题详情页面实现需求状态切换

方式三，在 Backlog 页面或活动的 Sprint 页面上，单击待处理需求，随后页面右侧弹出需求详情区域，如图 11-28 所示。单击需求 ID 右侧的"..."，选中"更多"，随后可进行工作流状态的切换，如图 11-29 所示。

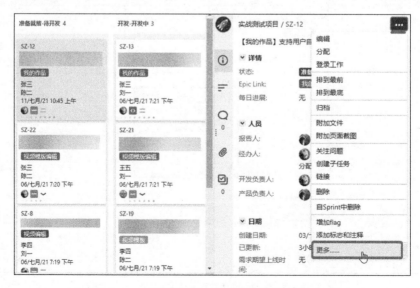

图 11-28　在需求详情区域的需求状态切换入口

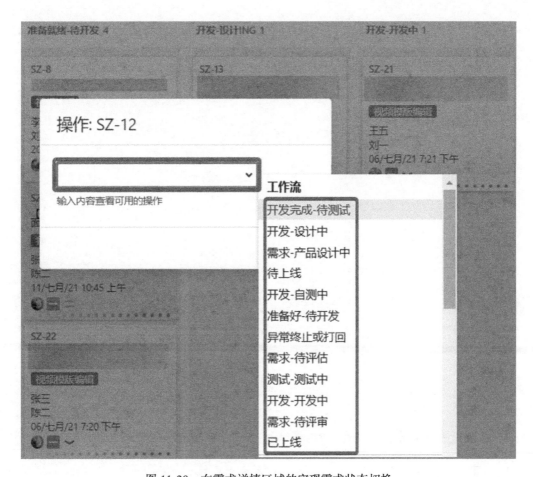

图 11-29　在需求详情区域的实现需求状态切换

11.4　本章小结

本章介绍了落地实施 Jira 精益看板时可能遇到的数据迁移问题，分享了 Jira 精益看板落地实践的经验和操作技巧。项目数据的迁移处理旨在实现项目入口的统一和项目数据的集中化管理。看板方法是 Jira 精益看板在项目落地过程中的指导思想。

附录

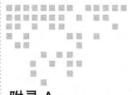

Appendix A 附录 A
推荐阅读

1.《看板方法：科技企业渐进变革成功之道》

内容简介

本书由看板方法创始人 David J. Anderson 编写，是看板方法的开山之作。看板在软件开发领域已获得越来越多的应用。世界各地的团队都在现有流程的周围添加看板，以催化文化变化并交付更好的业务敏捷性。这本书回答了以下问题。

❑ 什么是看板？

❑ 为什么我要使用看板？

❑ 该如何实施看板？

❑ 如何发现改进的机会以及应该怎么做？

作者简介

David J. Anderson 有三十多年 IT 行业从业经验，曾在多家大型跨国企业管理软件开发团队，拥有丰富的团队管理经验。他是精益软件和系统协会（Lean Software & Systems Consortium）的创始人，并且创办了 David J. Anderson & Associates 咨询公司和 LeanKanban 培训公司，致力于传播和推广精益思想和看板方法。

2.《精益产品开发：原则、方法与实施》

内容简介

全书共 25 章，分为三部分，分别介绍了精益产品开发的原则、方法和实施步骤。在原则部分，从精益及敏捷产品开发的目标入手，梳理了敏捷和精益思想的来龙去脉和具体的实践框架，构建了系统和完整的精益产品开发体系。在方法部分，以作者在华为、招商银行、平安科技，以及数家互联网创业公司的成功案例为基础，介绍了这些案例背景、应用细节以及背后的原理和方法，构建了坚实、系统和可应用的实践方法体系。实施步骤部分继续以真实案例为基础，总结了完备的精益产品开发实施路径，涵盖了需求管理、过程改进、质量提升、团队建设、DevOps 落地等实施过程中的重点。

　　本书适合所有准备实施或正在实施敏捷和精益方法，以及希望改善组织价值交付效率、质量、灵活性和产品创新能力的团队。

　　作者简介

　　何勉，国内早期的精益产品开发实践者之一，作为咨询顾问，他先后在华为、招商银行、平安科技等公司负责引入精益产品开发方法，并加以全面推广和实施。他为多家新创公司打造过精益产品开发和创新方法，并帮助它们取得了业务上的突破。目前专注于产品开发和产品设计及创新方向的探索和实践，帮助组织提升能力，使其顺畅、高质量地交付有用的价值。他的个人公众号"精益产品开发和设计"（LeanAction）很受欢迎。

3.《精益思想》

　　内容简介

　　《精益思想》于 1996 年秋季出版，累计销量上百万册。本书的成功在于它对精益生产方式做了很好的总结，为读者提供了精益的核心原则。作者实地考察了美国、德国、日本等若干具有代表性的大小企业推行精益的实际情况，为准备跨入精益之门和进一步学习、实施精益的读者提供了指导与参考。本书是精益方面的经典著作。

　　作者简介

　　James P.Womack，前麻省理工学院教授，为企业提供精益咨询。他创办了精益企业研究所并担任所长，这家研究所是非营利教育和研究机构，致力于精益思想的传播和应用。

　　Daniel T.Jones 创办了英国精益企业研究院并担任院长。这家研究院分担了精益企业研究所在提升精益意识方面的任务，并将精益知识应用于众多行业。

4.《精益开发与看板方法》

　　内容简介

　　本书作者从事软件开发多年，善于吸取敏捷和精益这两种开发方法的精髓，对看板的理解和应用具有实用而丰富的经验。他在本书中依托精益开发中的主流工具，介绍了看板的概念、遵循的基本原则、看板的适用范围和具体使用等。精益软件开发是当下软件开发项目的主流模式。看板可以使精益理念落实并贯穿于整个开发流程，从而提高团队应变能力、减少无谓的资源及时间浪费、完全发挥团队的开发效能。本书适合所有软件从业人员（从项目经理到工程师）阅读，可以帮助他们从容应对千变万化的客户需求。

　　作者简介

　　李智桦在软件开发领域有多年实践经验，对信息及软件应用开发的热情和投入令人佩服。近年来投身于敏捷、精益及看板方法的推广并担任讲师，本书可以让更多人了解这些软件开发及项目管理的实用方法并应用于工作之中。

5.《看板实战》

内容简介

看板方法是移动互联时代引领组织变革和改进团队开发过程的强大武器，也是平稳落实精益和敏捷开发实践的工具。本书带领读者进入看板世界，既提供了完备的理论体系，又有大量来源于实践的操作细节。每一个新概念的引入，都会辅以简单易懂的实践，是一本名副其实的实战书。

全书共三部分。第一部分以一个虚构的软件团队实施看板方法的历程为线索，介绍了看板方法的概貌——主要实践、为什么选择这些实践以及带来的收益；第二部分则全面细致地介绍了看板方法的原则、实践及背后的原理；第三部分是看板的高级实践，探讨了看板方法本身的不足之处以及如何弥补。

作者简介

Joakim Sunden 是一位思想家，他对于精益、敏捷和丰田生产系统的各个方面都有深厚的研究，而且对于遵循理论去实践同样有很多经验。他在欧洲成立的看板用户组担任敏捷教练。

Marcus Hammarberg 是看板教练，也是具有丰富经验的软件开发者。

6.《敏捷转型：打造 VUCA 时代的高效能组织》

内容简介

本书作者将自己多年来在数家企业推动企业级敏捷转型的经验和教训进行了梳理和总结，重点阐述了敏捷转型的步骤、方法和策略，介绍了大量真实的案例、敏捷转型容易走入的误区，解答了企业在转型过程中常见的问题。

本书可以帮助中国本土企业成功实现敏捷转型，适合不同行业的企业管理者、产品经理、项目经理、敏捷教练阅读。

作者简介

王明兰，精益和敏捷转型专家，前微软、华为创新教练，华为云产品总监。

中国精益产品开发的先驱，中国早期精益看板国际认证教练和认证讲师、企业规模化敏捷（SAFe）认证咨询师、DevOps Professional 认证讲师。

自 2008 年起，王明兰在微软、诺基亚、中兴通讯、招商银行、三星研究院、华为、京东、1 号店等多家企业成功指导企业级敏捷转型、精益产品开发、看板方法、Scrum、互联网产品创新、精益创业、敏捷领导力，以及规模化敏捷。

附录 B *Appendix B*

效能度量

效能度量是组织管理者非常关注的指标。关于精益看板的实践，除了 Jira 平台自带的统计度量，我们也可以借助看板背后采集的埋点数据，实现更多维度的效能度量。

看板背后采集的埋点数据主要有两个来源：一个是 Jira 记录的每个状态切换的时间点，借助状态切换的时间点可以采集在某状态停留的周期、从某状态迁移至另一指定状态的周期；另一个是状态切换时通过工时采集埋点字段所填充的数据。

表 B-1 提供了一些扩展的效能度量，供读者借鉴。

表 B-1 效能度量的扩展

效能度量	度量计算模式
需求交付响应能力	从创建需求到完成上线交付的周期时间
研发交付响应能力	需求从着手开发到完成上线的交付周期能力
组织交付承载能力	周期内交付的需求总量规模
有效价值注入占比	（产品工时 + 研发工时 + 测试工时）/ 需求交付响应周期
需求在技术侧积压统计	需求在准备就绪状态的停留时间和积压规模
需求投入时间规模统计	统计每个需求的工时，度量整体需求的分布

需求交付响应能力指从需求提出到需求交付上线的能力。我们以创建需求新增记录至 Jira 的系统时间戳为需求进入交付生命周期的起点，以需求进入已上线状态为交付生命周期的终点。需求交付响应能力可以度量某单一需求的响应周期，也可以按需度量某类需求（如紧急需求、常规需求）的平均响应周期。

研发交付响应能力也可称为研测交付效能，是以需求着手开发进入开发状态为起点，以需求进入已上线状态为终点，度量需求在研测（包含运维上线）整个阶段所历经的周期。在整体需求规模（故事点）不变化的情况下，周期越短，说明研测交付越快，研测交付效能越高。研发交付响应能力不仅需要考核需求交付效率，也需要关注需求交付质量，若一味追求效率，以牺牲质量为代价，则会带来频繁的返工，最终的研发交付响应能力也不会理想。

组织交付承载能力指在一定时间内可整体承载交付的需求规模。该度量可基于需求投入工时进行更精细的度量，如统计在指定周期内不同规模的需求大体分布。

有效价值注入占比指产品、研发、测试针对需求所累计投入的时间与对应需求交付响应的整体周期跨度（只计算工作日）的占比。占比越小，说明职能间存在的时间浪费现象越明显。也可按需计算批量需求对应的有效价值注入占比。有效价值注入占比也是衡量一个组织快速交付敏捷响应能力的重要指标。

需求在技术侧积压统计主要度量因为研发资源受限而无法及时响应需求的情况，主要统计需求在技术侧处理前的"准备好 – 待开发"状态所停留的时间以及停留的需求数量。如果积压数量一直居高不下，代表当前研发团队已无法实现需求快速交付。

需求投入时间规模统计指从需求提出到需求交付上线所累计的投入工时。每个需求根据复杂度和规模有不同的投入工时。可以统计一定周期内在不同投入工时的需求量分布，由此掌握需求的分布情况。也可以通过统计度量需求拆解的合理性和评估对应需求投入工时的合理性，实现需求投入时间规模的复盘。

常用插件

1. 功能扩展工具集 ScriptRunner

此插件功能强大、灵活，用途广泛，可用于日常维护工作，例如批量修改问题的状态、复制一个已存在项目的设置和内容到新项目上等。

应用下载地址为 https://marketplace.atlassian.com/apps/6820/scriptrunner-for-jira。

2. 测试管理插件 Zephyr Squad

此插件用于测试管理，支持测试计划、测试用例、执行测试、自动化测试和生成测试报告。我们可以根据测试内容创建测试用例，填写测试步骤和预期结果，并把测试用例和需求关联起来，为每个版本制订测试计划，执行一轮或多轮测试，在每一轮测试中选定测试用例。可以根据测试计划执行测试，在测试过程中填写执行结果，创建缺陷。可以在测试报告中查看测试的结果。

应用下载地址为 https://marketplace.atlassian.com/apps/1014681/zephyr-squad-test-management-for-jira。

3. Git 集成插件 Git Integration

此插件用于集成 Jira 和 Git 配置管理系统，实现开发人员、项目管理人员和产品经理之间的信息共享和协作。在一个 Jira 的问题中，所有人员可以看到与这个问题关联的代码信息。开发人员在 Git 中提交代码时，在提交注释的内容中填写 Jira 问题编号进行关联，并且可以修改问题状态、记录工作日志、填写修复版本等。项目管理人员和产品经理可以在 Jira 中查看 Git 分支中包含的所有 Jira 用户故事、缺陷、任务等。

应用下载地址为 https://marketplace.atlassian.com/apps/4984/git-integration-for-jira。

4. 数据分析和报表插件 EazyBI

此插件可以帮助用户对 Jira 的数据进行分析和定制报表。它提供了大量开箱即用的报表模板，用户也可以根据自己的需求自定义各类报表。报表支持互动式查看、过滤、下钻等操作。支持发布报表到仪表板中进行展示。

应用下载地址为 https://marketplace.atlassian.com/apps/1211051/eazybi-reports-and-charts-for-jira。